情绪控制

化解焦虑、抑郁、愤怒的情绪管理术

博雅 ◎ 编著

文化发展出版社
·北京·

图书在版编目（CIP）数据

情绪控制 / 博雅编著. —北京：文化发展出版社，2024.1
ISBN 978-7-5142-4164-8

Ⅰ.①情… Ⅱ.①博… Ⅲ.①情绪－自我控制－通俗读物 Ⅳ.①B842.6-49

中国国家版本馆CIP数据核字（2023）第212225号

情绪控制

编　　著：博　雅

出 版 人：宋　娜	责任印制：杨　骏
责任编辑：孙豆豆	责任校对：岳智勇　马　瑶
特约编辑：冠　诚	封面设计：仙　境

出版发行：文化发展出版社（北京市翠微路2号　邮编：100036）
网　　址：www.wenhuafazhan.com
经　　销：全国新华书店
印　　刷：三河市华晨印务有限公司

开　　本：880mm×1230mm　1/32
字　　数：124千字
印　　张：6
版　　次：2024年1月第1版
印　　次：2024年1月第1次印刷

定　　价：36.00元
ＩＳＢＮ：978-7-5142-4164-8

◆　如有印装质量问题，请电话联系：010-65780016

前言

有些人遇到高兴的事就表现快乐,遇到伤心的事就表现痛苦,这种快乐和痛苦就是情绪。

人的愤怒和苦闷是个奇怪的东西。对于懂得调适情绪的人而言,它们可以渐渐地淡下去,直到无影无踪;对于不懂得调适情绪的人而言,越控制它们,它们就越像一匹未驯服的野马,难以掌控。

情绪往往只从维护情感主体的自尊和利益出发,不对事物做复杂、深远和智谋的考虑,这样的结果,常使主体处在很不利的位置上或为他人所利用。本来,情感离智谋就已距离很远了,情绪更是情感的最表面、最浮躁部分,以情绪做事,哪有理智?不理智,哪有胜算?

但是,在工作、学习、待人接物中,人们常常依从情绪的摆布,头脑发热,情绪上头,什么蠢事都愿意做,什么蠢事都做得出来。比如,因一句无关利害的话,便可能与人打斗,甚至拼命

（诗人普希金与人决斗死亡，便是受到此类情绪的控制）；又如，因别人给我们的一点假仁假义，而心肠顿软，犯下根本性的错误（西楚霸王项羽在鸿门宴上耳软、心软，以至放走死敌刘邦，最终痛失天下，便是受到这种情绪控制）；还可以举出很多因情绪的浮躁、简单、不理智等而犯的过错，大则失国失天下，小则误人误己误事。事后冷静下来，自己也会感到其实不必那样。这都是因为情绪的躁动和亢奋，蒙蔽了人的心智所为。

楚汉相争时，项羽将刘邦的父亲五花大绑立于阵前，并扬言要将刘公剁成肉泥，煮成肉汤吃下去。项羽意在以亲情刺激刘邦，让刘邦在亲情压力下举手投降。刘邦很聪明，没有为情所蒙蔽，他反以项羽曾和自己结为兄弟之由，认定己父就是项父，如果项某愿杀其父，煮成肉汤，他愿分享一杯。

刘邦的超然心境和不凡举动，令项羽大出意外，以至束手无策，只能潦草收回此招。

三国时，诸葛亮和司马懿祁山交战，诸葛亮千里劳师欲速战决雌雄。司马懿却以逸待劳，坚壁不出，欲空耗诸葛亮士气，然后伺机求胜。

诸葛亮面对司马懿的闭门不战，无计可施，最后想出一招，送一套女装给司马懿，羞辱他如果不战小女子是也。古人很以男人自尊，尤其是军旅之中。如果在常人，定会接受不了此种羞辱。司马懿另当别论，他落落大方地接受了女儿装，情绪并无影响，而且心态甚好，还是坚壁不出。连老谋深算的诸葛亮也对他几乎无计可施了。

这些都是控制了自己情绪的例子。

做人做事不能太情绪化。面对各种机会、诱惑、困境、烦恼，要想把握自己，就必须控制自己的思想，必须对思想中产生的各种情绪保持警觉，并且视其对心态的影响是好是坏而接受或拒绝。乐观会增强你的信心和弹性，而仇恨会使你失去宽容和正义感。如果无法控制情绪，将会因为一时的情绪冲动而受害，付出代价。

控制情绪不是一件容易的事，需要很大的勇气与坚定的信念。《情绪控制》一书从多角度阐述了一个人获得成功所需要克服的种种来自自己的负面情绪。书中内容能帮助读者解决现实中的一些难题，解开思想上的谜团和心理上的困惑，矫正各种不良的行为习惯和思维方式！

美国畅销书作家奥格·曼迪诺在他的名作《世界上最伟大的推销员》一书中这样说道：

从今天起，我要学会控制情绪，让每天每时每刻都充满着幸福和快乐。

沮丧时，我要引吭高歌；

悲伤时，我要开怀大笑；

悲痛时，我要加倍工作；

恐惧时，我要勇往直前；

自卑时，我要挺起胸膛；

不安时，我要提高嗓音；

力不从心时，我要回想过去的成功；

纵情享受时,我要想想那些贫困的人;

骄傲自满时,我要想想那些大成者,自己多么渺小;

学会控制情绪,就控制了自己的人生命运!

如果你想让生活变得更美好,就从控制自己入手吧。

书中难免错谬之处,敬请广大读者批评指正!

目录

第一章　身体会说话，你的情绪正在失控

了解情绪，人生少走弯路 / 3

气大伤身，别为小事发火 / 5

激情、心境和应激反应 / 7

情绪带来身体上的感知 / 9

你的情绪正在失控 / 11

人有麻烦，就是忧虑太多 / 14

摆脱烦恼其实没那么难 / 17

☑ 情绪控制：富兰克林的特殊训练 / 19

第二章　情绪控制，不可不知的心理学效应

情感宣泄：总会有人向你不停倾诉 / 25

情绪转移：为什么有人喜欢迁怒于人 / 28

情绪应激：急中生智是情绪的机变 / 31

心理代偿：这条路不通就走另一条 / 33

情绪共鸣：文艺作品让人欢喜让人忧 / 35

酸葡萄甜柠檬心理：吃不到的葡萄是酸的 / 38

投射效应：勿以小人之心度君子之腹 / 41

刻板效应：心存偏见有碍交际 / 43

☑ 情绪控制：处理不良情绪的方法 / 46

第三章　你的情绪，决定你是坐骑还是骑士

乐观才不会被打败 / 51

心理状态决定人生状态 / 54

苦与乐源于内心而非现实 / 56

幸福还是痛苦决定权在自己 / 59

不较真，该糊涂时就糊涂 / 61

耐得住寂寞，经得起诱惑 / 64

忍不是懦弱，忍让忍让再忍让 / 68

☑ 情绪控制：咽下怨气，才能争气 / 71

第四章　停止内耗，情绪断舍离

既要拿得起，也要放得下 / 77

有进有退，显出大智慧 / 80

明确想要的，作出对的选择 / 82

懂得自我约束，适时反省 / 85

抱怨生活不如改变生活 / 88

宁愿吃亏，也不欠人情 / 91

☑ 情绪控制：自我调节术 / 94

第五章　读懂社会，不要太任性

洞察人心，一眼看穿他人 / 99

做个不动声色的识人高手 / 102

找出优势，受人关注 / 106

走出社交焦虑的困局 / 109

尽量避免陷入争论之中 / 112

在生活中学会拒绝 / 114

收敛锋芒，该低头时就低头 / 117

☑ 情绪控制：与各种人相处的艺术 / 120

第六章　认知觉醒，深度转化负面情绪

超越自卑，充满自信 / 125

转化痛苦，战胜自己 / 128

激发潜能，变压力为动力 / 130

减轻负担，保持情绪稳定 / 133

逆思维，换个角度看问题 / 136

敢于冒险，摆脱墨守成规 / 139

活出真实，接纳不完美的自己 / 141

坚持一下，提高心理承受力 / 144

既往不恋，未来不迎 / 147

提升信心，摆脱恐惧 / 150

☑ 情绪控制：智商重要，情商更重要 / 154

第七章　世界如此浮躁，你要内心平静

大胆地晒出你的心情账单 / 161

抑制怒火，缓冲怒气 / 163

别为过去的昨天而流泪 / 165

每天给自己一个新的希望 / 168

冷静、冷静、再冷静 / 170

做事要懂得忙中偷闲 / 173

在青山绿水中放飞身心 / 176

☑ 情绪控制：平衡心理的妙招 / 178

第一章

身体会说话，你的情绪正在失控

关于与之时刻相伴、形影不离的情绪，人们都深有了解。情绪不断变化，并影响着每一个人。这种复杂的变化，让人有着不同的心境与生活。了解情绪，知其利害，才能使生活、工作处于良好状态。

> 我们一定要克制自己的情绪，
> 不要被情绪所困扰，
> 不良的情绪只会阻碍
> 我们学习或发展事业，
> 这也是了解自己其中的一个步骤。
>
> ——李小龙

了解情绪，人生少走弯路

你曾经为高兴而开怀，为悲伤而伤心，这就是情绪。情绪是一种心理状态。我们经历各种各样的事情，它们给我们带来许多感受：有时人们精神焕发，有时人们萎靡不振；时而冷静，时而冲动；有时人们理智地去思考，有时人们失去控制地暴跳如雷；有时觉得生活充满了甜蜜和幸福，而有时又感觉生活是那么无味而沉闷、抑郁和痛苦。情绪存在于每个人心中，而且在不同时期、不同场合产生着奇妙的效果。

然而，为什么我们会高兴、悲伤、恐惧？你试着了解过各种情绪的来源吗？通常情况下，我们总是受到不良情绪的局限，这些局限不是来自能够识别和超越的各种不良情绪，而是来自那些我们尚没有意识到、没有说出来、没有深入了解的情绪。如果我们没有意识到它们的存在，它们当然就不可能成为我们前进道路上的良师益友，我们也无法从中获得智慧、信心、决心和勇气。如果我们不知道它们的存在，那么就不可能改善自己的心理状态。

举出一个例子：面对"我们在害怕什么"的问题，人们常常会给予具有某种情景限制的回答，例如："我们害怕如果不利用新产品与某公司抢占市场，就会降低市场占有率。"这类恐惧对你的公司或部门了解目前形势与问题非常重要，它们帮助你进行更有效的革新和管理。然而，如果我们仅仅提出这类问题，不做更深入的探讨，就可能失去许多更加宝贵的信息。事实上你更可能担心的是公司的财务能力不佳，或者创新思维的缺乏等。我们要时刻牢记，面对和处理自己的不良情绪，就像剥洋葱一样；不良情绪也是被一层层包裹，最里层的才是一切不良情绪的核心。包裹在层层外衣之下的情绪的核心，才是麻醉或迷惑我们的思想与行为的根本。

俗话讲：没有无缘无故的爱，也没有无缘无故的恨。情绪的变化往往是因为受到环境和思想变化的影响。当我们完全理解和看透了自己的不良情绪时，如果能够再提出一些问题，不断地进行递进式提问，审视自己内心，那么许多影响我们情绪的因素便会拨云见日。

找到问题的症结之后，下一步的行动就会轻松很多。当然，对提出的问题通常有两项要求：深度和广度。这样，你才会更加真切和有力度地看清自己情绪的核心。

气大伤身，别为小事发火

你是爱生气、容易暴怒的人吗？是不是经常为了一点小事就大动肝火，甚至气得脸红脖子粗、全身发抖呢？

当你觉得那些糟糕的事情让你心情不佳时，会不会觉得生气才是最佳的发泄方式，而且已经习惯这种方式了呢？可是，动不动生气会导致一个直接的后果，那就是——它会损害你的健康！

美国生理学家爱尔玛为研究生气对人健康的影响，进行了一个很简单的实验：把一只玻璃试管插在有冰有水的容器里，然后收集人们在不同情绪状态下的"气水"。结果发现，同一个人，当他心平气和时，所呼出的气变成水后，澄清透明，毫无杂色；悲痛时的"气水"有白色沉淀；悔恨时有淡绿色沉淀；生气时则有紫色沉淀。

爱尔玛把人生气时的"气水"注射到大白鼠身上，只过了几分钟，大白鼠就死了。他进而分析认为，如果一个人生气10分钟，其所耗费的精力不亚于参加一次3 000米的赛跑；人生气时，很难保持心理平衡，这时体内还会分泌出带有毒素的物质，对健康不利。

美国心脏协会发行的《循环》杂志指出，暴躁易怒的人心脏病发作或是突然暴毙的几率比冷静、不易生气的人高两倍以上。

由美国马里兰大学帕克分校的心理学家阿恩沃尔夫·西格曼领导的一个研究小组对101名男性和95名女性进行了研究。研究包括测量每个人在运动之后心脏的血流量。

研究结果表明，与没有统治欲和性情平和的人相比，有统治欲的人得心脏病的风险会增加47%，易怒的人得心脏病的风险会增加27%。

研究还发现，不善于表达自己愤怒的女性，更容易得心脏病。而倾向于淋漓尽致地表达自己愤怒的男性，也更容易得心脏病。这就说明，无论是男性还是女性，如果他们经常发怒，便容易得心脏病。

研究人员同时表示：这项研究相当重要，因为如果长期处于情绪不佳、易动怒的情形之下，对于身体健康具有绝对的负面影响。

虽然本研究并没有明确指出高血压与心脏病之间的关系，但可以确定的是，血压正常而容易生气的人，他们罹患心脏病的几率比其他人高，相对地也增加了危险性。

中国传统医学也认为生气有损健康。《黄帝内经》明言告诫："怒伤肝。"肝在生理功能上的作用举足轻重，不仅能分泌胆汁，调节蛋白质、脂肪、碳水化合物的新陈代谢，而且有解毒造血和凝血的作用。

怒伤脑。气愤之极，可使大脑思维突破常规活动，往往做出鲁莽或过激举动，反常行为又形成对大脑中枢的恶劣刺激，气血上冲，还会导致脑出血。

怒伤神。生气时由于心情不能平静，难以入睡，致使神志恍惚，无精打采。

怒伤肤。经常生闷气会让你颜面憔悴，双眼水肿，皱纹多生。

怒伤内分泌。生闷气可致甲状腺功能亢进。伤心气愤时心跳加快，出现心慌、胸闷的异常表现，甚至诱发心绞痛或心肌梗死。

怒伤肺。生气时的人呼吸急促，可致气逆、肺胀、气喘咳嗽，危害肺的健康。

怒伤肾。经常生气的人，可使肾气不畅，易致闭尿或尿失禁。

怒伤胃。气懑之时，不思饮食，久之必致胃肠消化功能紊乱。

看来，为一点点小事生气，代价太大了！

激情、心境和应激反应

情绪的表现形式是多种多样的，我们会在日常生活中明显地感受到别人的喜怒哀乐，但有时情绪更多的是隐性的，即使它并不通过人的面部表情和语言表现出来，你仍可以感觉到它的存在。

我们依据情绪发生的强度、持续的时间、紧张的程度，用心理学的方法把情绪分为激情、心境和应激反应三种。

1. 激情

激情是迅速而短暂的情绪活动，人们经常说的暴跳如雷、大惊失色、欣喜若狂都是激情所致。很多情况下激情的发生是由生活上的某些事情影响导致的，而这些事情往往是突发的，使人的情绪在短时间内失去控制。总的来说，青少年更易表达出他们的情绪，但在大多数情况下，他们激情的表现方式是极端的，从一个极端走向另一个极端。而作为成年人和老年人，他们的激情可能在某个阶段被其他的情感或其他表达情感的方式所取代，不会表现得那么明显，但不能说他们就没有了激情，只是表达方式改变了。

2. 心境

心境是一种微弱、平静、持续时间很长的情绪状态。心境是很容易被渲染的。心情舒畅的时候，我们会觉得身边的一切都是那么美好。微风习习，阳光灿烂，就连雨滴仿佛也是和着节奏而跳动，充满诗意。可当人们心情烦躁时又会觉得诸事不顺，连老天爷都和自己作对，就连喝水都会被呛着，心情自然是好不起来了。心境受到个人的思维方式、方法、理想以及人生观、价值观和世界观影响，不同的环境也许会造就不同的心境，而在同样的外部环境中，不同思维方式、不同价值观的人也会有不同的情绪。例如在恶劣环境中，那些身残志坚的人，临危不惧的人都保持着乐观向上的心境。

3. 应激反应

应激反应是出乎意料的紧急情况所引起的急速而高度的紧张情绪状态。人们在生活中经常会遇到突发的事件，它要求人们及时而迅速地作出反应和决定，对应这样紧急情况所产生的情绪体验就是应激反应。

在平静的状况下，人们的情绪变化差异还不是很明显，而当应激反应出现时，人们的情绪差异立刻就显现出来。应激反应在表现方式和结果上也是千差万别。更多时候，有经验的人比没有经验的人在处理应激情况时更擅长。性格、态度和心理素质水平也决定了在特定情况下人们能力及其处理结果的差异，但人们如果经常处于应激反应之下，他的情绪必然是紧张的。身心都处在长期紧张之中的人更容易表现出极端现象。研究表明：长期处于应激状态会使人体内部的生化防御系统发生紊乱和瓦解，身体的抵抗力低下，失去免疫能力，更容易患病。所以我们不可能长期处于高度紧张的应激反应中。

情绪带来身体上的感知

在我们受到情绪干扰的时候，我们的身体也会在潜移默化中发生变化。人会感觉到随着情绪而来的身体感知，但那并不是情绪本身。这在心理学上称为躯体化。

人或许会感觉到心跳加速，却不知道自己在害怕。他可能会感觉到身体发热、发冷、胃绞痛、耳鸣、刺痛感甚至剧痛。他可能会有源自情绪的"知觉"，却对情绪本身一无所知。

如果你询问某人，他知道身体有某种知觉，即使他不晓得那和他的情绪有关。例如，在你忍受了太太对你的种种抱怨之后，你的情绪在激动过后已回复平静，但是你也许仍然会说："我额头上似乎有一条紧箍带。"而且你会说："我有种奇怪的感觉，好像我快要头痛了，我对迈进家门似乎有种恐惧……"

确实，情绪在你没有察觉的时候，已经悄悄袭击了你的身体。

人在缺乏情绪管理能力的状态中，常依靠吃药解决源自情绪的身体感觉。虽然这些药物可能有不良的副作用，但是能帮人暂时解决情绪上的冲突。药物能消除头痛、胃痛以及身体的其他知觉，令他们不会去想有待他们关注的情绪问题。

结果冲突仍在，情绪问题仍未解决。药物或许能暂时消除或改善不愉快的知觉，却使得身体的化学状态失去平衡，而导致短期或长期性的伤害。

如果你为在工作压力下的背痛和头痛去药房买了很多药吃，后来医生警告你说，镇痛药和退热净与酒精一起服用对肝有害，于是你改吃阿司匹林，那又使你的胃不舒服，所以你又改服了抗胃酸药。早上你要喝两杯浓咖啡醒脑，然后一整天喝无糖可乐以保持清醒。你还抽烟，以减轻紧张和焦虑。晚上你喜欢喝一两杯葡萄酒，以便放松心情上床睡觉……这些自己开的处方全都无法让你感到舒服，不过至少让你得以应付种种的不快。

人如果习惯性地服用大量药物或喝酒，就不再能准确地解析自己的身体经验。这些经验是情绪上的或化学作用的？夸大的或轻描淡写的？健康的或有病的？这对一个经常大量吃药的人来说，是很难分辨的。

在这种缺乏情绪感知的状态下，人们会很容易对他人造成情绪上的伤害。不明所以的强烈情绪很有可能导致不理性的行为，痛苦和麻木，而无理性的行为又会引起恶性循环。人们会去发泄情绪，感到极大的罪恶感，然后又再关闭，窄化其情绪感知，从而产生人们所熟知循环：自虐、麻木，以及无法解决的不良情绪。

你的情绪正在失控

翠茜和她的新婚丈夫出了教堂之后就走进了那家餐馆。她和她的丈夫都不是第一次结婚，他是想让她来看看他常去的教堂。然后他们还要和他的前妻在这家餐馆里见面谈些事情。

"我很喜欢那座教堂，"翠茜回忆说，"等我们走进那家餐馆的时候我还处于非常兴奋的状态，自我感觉非常良好，因为自己漂亮又幸福，好像头上戴上了一个光环。"

翠茜点了一份馅饼，她的丈夫说要去趟洗手间。而他的前妻偏偏就在这个时候走进了餐馆。

"一开始我们都觉得很尴尬，因为他不在，我们只是干坐在那里。"翠茜说道，"她和我丈夫一共有两个孩子。我们将来还要在一起打很长时间的交道，所以我觉得应该学会和她相处并保持一种良好的关系。"

一会儿翠茜的丈夫又回到了餐桌。

"于是我们三个人便开始谈起了将来如何探视孩子之类的问题。不过我知道实际上这比问题的本身要复杂得多,"翠茜说道,"我可以感觉到这一点。她对我的到来以及由此而产生的变故感到十分恼火。"

一切来得都是那么突然。刚才她的丈夫还在和他的前妻在一起交谈,转眼之间那位前妻的手就已经打在了翠茜的脸上。

"这事用不着你管,"那位前妻高声叫道,"你和这事没有一点关系!你根本就没有这个权利。你给我闭嘴!"

翠茜也开始尖叫起来,并且进行了反击。她一把抓住那个女人的脸,并且不断地摇晃着她的头,说:"看你以后还敢不敢这么做了。"就这样她们两个人就在餐馆里的客人面前展开了一场混战。

"我简直无法相信自己当时会做出那样的事来。"翠茜后来回忆说,"我并不喜欢那样做。我当时没有压住火是因为我觉得自己受到了伤害。"

上例中,翠茜的情绪失控了,她和新婚丈夫的前妻在餐厅的众多客人面前打得不可开交,她说那是因为自己受到了伤害,但实际上是因为她缺少宽容别人的度量,把自己的自尊看得过于重要。当然,那位前妻更是如此。

人生活在纷纭繁复的世界上,经常会遇到一些令人恼怒的事,小则令人生气,大则惹人动怒。一般来说,生气发怒乃是一种正常的感情宣泄,怒过了,心情也就慢慢趋于稳定。故轻微发一点怒,并算不了什么大事。但是为什么有些人会为某些事生气，而有些人却不会？为什么有些人似乎老是比其他人容易生气？而有些人却可以很轻易地处理生气的感觉和面对生气的人？可以这样说，个性在影响你对暴躁情绪的管理能力。由于个性心理特征，才使得每个人身上都表现出自己独特的风格，表现出个性差异。

1. 急躁

急躁的人一般很容易自满且较为果断，喜欢处于领导地位。如果你问他要不要看电影，他可能会立刻回答："当然好啊！我知道有一部电影不错。你七点来找我吧。"

个性急躁的人通常自我期望很高，他们常会为自己设定极高的目标，擅长挖苦别人，也习惯指使他人；一旦别人没有顺其意，就会相当激动，特别是如果别人是因为动作慢，无法在自己设定的期限内完成事情时，他们会更生气。而且，如果有人取代他们的地位，他们会非常沮丧和气愤。

2. 冲动

这种人热衷于取悦他人，也比较乐观，而且热情，常会一次同时进行好几件事情。他们通常较无组织能力，对于参与活动，自始至终都保持同样的热情，不过由于缺乏自我训练的能力，总是想立刻看到成果。对于必须遵守预设好的时间行程或有时间限制的事情，他们很容易一下子就感觉沮丧。所以他们比较适合有弹性的工作，而不适合当个朝九晚五的上班族。如果是可以让他们发挥社交手腕的工作，他们也会表现出高度热忱；相反的，如果他们在工作上到处束手束脚，甚至被同事们孤立起来，那么对他们来说，会是极大的压力。这时，他们的情绪便大起大落。

3. 沉稳

沉稳的人性格稳重，值得信赖，爱整洁，而且做事利落有条理。特别是如果有一定的规则可以遵守时，他们做起事来会特别精准，因为他们觉得这样做节省他们的力气。然而，除非他们确定一定会成功，否则他们宁愿放弃可能的赞赏，也不愿冒险或尝试新的东西。

如果你问一个个性沉稳的人要不要一起去看电影，他的回答通常会视情况而定，看看他是否习惯和你去看，以及他是否习惯在那个时间去看电影；如果不是，他可能会告诉你："谢谢你的邀请，但今晚我还有别的事情。"

人有麻烦，就是忧虑太多

有个年轻人写信给作家杨绛先生，向她表达内心的困惑。杨绛回复："你的问题主要在于读书不多而想得太多。"

威尔·鲍温在《不抱怨的世界》一书中说："给自己一点时间，别害怕重新开始。"

你还记得上次害怕讲话是什么时候吗？是否记得你上台前一晚就前思后想睡不着觉？你最近一次无缘无故地突然觉得心跳加快是什么时候？你是否有过半夜醒来，感到口干舌燥的体验？当你去拜访客户时，是否总是担心他脸色不好？

几乎所有人都曾感受到忧虑。尽管每个人的具体感觉不一样,但其本质都是相同的。恐惧有各种各样的表现形式,但毋庸置疑的是,所有人都在某种程度上感受过忧虑,承受过孤独。

也许你不知道,一些看起来很成功的商人,他们会把生活中的忧虑和恐惧巧妙地伪装起来。有一个商人在事业上一帆风顺,已经成为商界巨头。大家对他的才能极其钦佩,但是他自己却远非我们想象的那样看待自己。他的内心从来就没有平静过,他也并不认为自己真的取得了巨大成就。失败的感觉经常冲击着他的内心世界,使他疲于应付。他总是在忧虑,今天怕客户被人抢走,明天怕对手出了新招,后天又怕自己的资金运转不良……他之所以取得成功,并不是因为他无所畏惧,而是他在不断地努力将忧虑转化为动力,时刻提醒自己不要被心中的恐惧吓倒。

人们通常认为忧虑仅仅是情绪低落或是感觉饱和,其实这只是忧虑的一部分。

忧虑的核心症状被称为"缺乏快乐",意指丧失体验快乐的能力。我们会感到生活变得异常空虚,毫无快乐可言。我们或许会将满腔的不满与愤怒闷在心里,有时却又变得异常暴躁,甚至对亲人、孩子大打出手。过后,我们又会因之而痛悔,忧虑症状更加严重。

忧虑的两个常见症状是焦虑和恐惧。忧虑的时候,我们会变得脆弱。过去我们很容易应付的事情,现在却莫名其妙地令人恐惧。忧虑的人有时会变得紧张不安,难以放松。他们感觉自己如同困兽,四处走动,想做点什么,却不知道该做什么。有时,想逃出去的想法非常强烈,但是对逃到哪里去,去做什么却不清楚。另外，有些忧虑的人会变得反应迟钝，若有所思，神情恍惚。

如果你的办公室正在高层大厦里，而且你的办公桌总是拥挤不堪，那么光是看见桌上堆满了还没有回的信、报告和备忘录等等，就足以让人产生混乱、紧张和忧虑的情绪。更坏的事情是，经常让你想到"有一百万件事情待做，可自己就是没有时间去做它们"，这样不但会使你忧虑得感到紧张和疲倦，也会使你忧虑得患高血压、心脏病和胃溃疡。

美国人豪斯先生在美国钢铁公司提任董事的时候，开起董事会总要花很长的时间——在会议里讨论很多很多的问题，达成的决议却很少。其结果是，董事会的每一位董事都得带着一大包的报表回家去看。

忧虑的情绪并不能为你的工作和人生增添更大的亮色。在你得到的除了难以摆脱的神经衰弱外，就是越来越低的工作效率，最后饱受折磨的豪威尔先生说服了董事会，每次开会只讨论一个问题，然后作出结论，不耽搁、不拖延。这样所得到的决议也许需要更多的资料加以研究，也许有所作为，也许没有，可是无论如何，在讨论下一个问题之前，这个问题一定能够达成某种决议。

结果，这种方法非常惊人，也非常有效。所有的陈年旧账都清理了，日历上干干净净的，董事也不必再带着一大堆报表回家，大家也不会再为没有解决的问题而忧虑。

忧虑是徒劳的，重要的是找到引发你忧虑的原因，在一大堆事理中理出头绪，让它们变得更有秩序。

摆脱烦恼其实没那么难

处于生存环境中，某些事件可能直接导致压力。但是，一个人的绝大部分压力来自自己。自我产生的压力并非来自工作等外部事件，而是通过你看待和理解那些事件的方式产生的。

凯瑟琳·赫本在未出道时，有一场非常关键的演出，正是这场演出，令她一举成名。但在她准备正式登台前的十几分钟里，她真正感受到了开演之前的压力。她感到恐慌，觉得自己无法演出，并且认定她的嗓子将会发生问题。她告诉医生说，她觉得浑身瘫痪，几乎无法移动双脚。

"怎么回事呢？"医生问道。

"我突然感到很恐慌。以前在演出前通常会感到紧张，但这一次有点不同。"

"不要担心，"医生说，"你是一位真正的演艺专家，你一定能克服紧张情绪的。我袋子里正好有你所需要的东西，这是一种新药，效果又快又好。"

说着，医生从皮包中取出针管，打断一个蒸馏水的小玻璃瓶，并把瓶中的蒸馏水抽到针管中。

接着医生给赫本打了一针蒸馏水，并向她保证说，这种特效药马上就会生效。

"坐下来，"医生说，"放松心情。"

几分钟后，她已经很镇静了。

"这真是神药呀，我真该吻你一下，向你表示谢意，"她说，"大夫，我觉得很好，真是太感谢你了。"

她上了舞台，完成了一次精彩的表演。

后来在庆祝演出的宴会上，医生走过去向她道贺："你知道吗，这是你最精彩的一次演出。"

"谢谢你。"赫本说。

"不，应该感谢你自己。努力的是你，而不是我。你知道我给你注射的只是一瓶蒸馏水吗？"

赫本大感惊诧，然后不禁哈哈大笑。

生活中能影响人的往往不是事情本身，而是复杂的心情。为那些没有必要的事情忧虑、恐惧、沮丧，只能加重我们的心理负担，破坏我们健康的情绪。

事实上，我们所担心害怕的事情，有99%根本不会发生。保险行业就是靠人们对一些根本很难发生的事情的担忧而赚了很多钱，实际上，估算概率的法则完全可以告诉你，那些灾祸发生的机会并不像一般人想象的那么常见。

十几岁时候的你，是不是也常常自寻烦恼呢？交完考试卷后，常常半夜睡不着觉，怕考不及格；或者长吁短叹，因为今天那个你心仪的女孩似乎看都没看你一眼；你总是在想你说过的话，后悔那时你没有把它说得更好……我们通常都能勇敢面对生活里大的危机，却总是被那些小事搞得垂头丧气。你只要改变看法，转移重点就好了，这样才会开心一点。

☑ 情绪控制：富兰克林的特殊训练

一个人要有驾驭自己、管理自己的能力。这种能力让一个人在他人生的海洋中坚定执着地向着自己的目标前进。成功从改变习惯开始，把坏习惯改变为好习惯。苏格拉底说："谁想转动世界，必须首先转动他自己。"

本杰明·富兰克林（1706—1790），美国的缔造者、思想家、科学家，世界公认的伟人。他发明了避雷针，参与了美国独立战争，写出了"自由、平等、博爱"的名言，是《独立宣言》起草委员会委员，《独立宣言》的主要起草人之一。他同时又是作家、画家，并自修法文、西班牙文、意大利文、拉丁文。富兰克林在众多领域做出了杰出的贡献，受到了世界各国人民的敬仰。

富兰克林在 79 岁高龄时，回顾自己一生所取得的成就，认为最重要的原因是受益于年轻时的一种"特殊习惯训练"，他用十五页纸写下了这项伟大发明，轰动了美国。他说，他的成功与幸福皆来源于此。原来，年轻时的富兰克林缺乏自我约束，很长时间甚至连工作都找不到。但他渴望成功，经过深刻地思考，发现成功的关键在于养成良好的习惯，在于自制、完善人格。于是，他总结出成功所需要的十三种好习惯，然后把它们作为目标，找出自己身上的种种坏习惯，并逐一改正。

富兰克林认为，某段时间只专注改变一种坏习惯是有效的，于是他决定一星期只改变一种坏习惯。这样，十三种好习惯三个多月就可以训练一遍，每年训练三次。为此，他为自己准备了一本小册子，每天检查所发现的问题，并做好笔记，严格监督、循序渐进。这样经过一年的训练，逐步树立起新的行为模式，成为一个全新的人。

富兰克林为自己列举的十三种品德：

（1）节制——食不过饱，饮酒不醉；

（2）寡言——言少于人于己有益，避免无益的聊天；

（3）有序——东西放置有序，做事要分轻重缓急；

（4）决心——当做必做，决心要做的事坚持不懈；

（5）俭朴——用钱于人于己有益，切忌浪费；

（6）勤勉——不浪费时间，做有用的事；

（7）诚恳——不欺骗人，思想纯洁公正；

（8）公正——不做损人利己的事；

（9）适度——避免极端；

（10）清洁——身体、衣服、住所力求清洁；

（11）镇静——勿为小事而惊慌失措；

（12）贞节——切忌房事过度；

（13）谦虚——仿效耶稣和苏格拉底。

终其一生，富兰克林都认为，人生成功秘诀在于自我管理，而自我管理要从两方面着手：一是自我品德管理，二是自我时间管理。为了有效管理时间，他为自己安排了严格的时间表。

清晨5时至7时：起床、洗漱、祷告，规划一天的事务，读书、早餐。在这段时间，要思考的问题是："我这一天将做什么有意义的事情？"

8时至11时：工作，切实执行订好的工作计划。

12时至1时：读书或检查账目，吃午餐。

2时至5时：工作，尚未做完的工作抓紧时间做完，已做完的仔细检查。

晚上6时至9时：整理杂物，把用过的东西放置原处。晚餐、音乐、娱乐，并做每天反省；要思考的问题是："我今天做了什么有意义的事？"

夜间10时至凌晨4时：休息。

习惯造就人生，有什么样的习惯就会有什么样的人生。富兰克林认为，卓越是一种习惯，要让良好的习惯伴随人生，人生才能成功。

第二章

情绪控制，不可不知的心理学效应

自控能力的作用是控制自己专注地做事情。在控制行为的同时,更重要的是控制情绪,因为情绪往往能够影响整个人的状态。坏情绪很难消除,但是可以克制。

> 精力充沛和它带来的饱满情绪，
> 既然比任何其他事情在幸福中
> 占较重要的地位，
> 教人保持良好的健康
> 和饱满情绪就比什么都重要。
>
> ——斯宾塞

情感宣泄：总会有人向你不停倾诉

李先生曾遇到过这样一个奇葩的事：

一天深夜，他突然接到一个陌生女人打来的电话，对方的第一句话就是："我恨透他了！"

"他是谁？"李先生奇怪地问。"他是我的丈夫！"李先生想，噢，她是打错电话了，就礼貌地告诉她："你打错电话了。"

可是，这个女人好像没听见他的话似的，继续说个不停："我一天到晚照顾孩子和生病的老人，他还以为我在家里享福。有时候我想出去散散心，他都不让，而他自己天天晚上出去，说是有应酬，谁会相信……"

尽管这中间李先生一再打断她的话，告诉她，他并不认识她，可她还是坚持把话说完了。

最后，她对李先生说："您当然不认识我，可是这些话已被我压了很久，现在我终于说了出来，舒服多了。谢谢您，对不起，打搅您了。"

这个事情似乎有些可笑，但其实也有辛酸的一面。这个女人因为积压了过多的不良情绪，已到了不得不发泄的程度。为了自己心理的健康，她只好选择随便找个人发泄一气了事了。还好，李先生的倾听让她暂时得到了情绪的缓解。这个女人是让人同情的。如果她不及时地发泄，也许会出现精神错乱甚至更可怕的后果。

实际上，生活中的许多灾祸，不就是在情绪无法得到正常宣泄的情况下，而采取了失去理智的疯狂举动吗？而这种疯狂举动成了这个人唯一的发泄渠道。

这种情况是需要我们尽力避免的。

人在一生中会产生数不清的意愿、情绪，但最终能实现、能满足的却并不多。有些人认为，对那些未能实现的意愿、未能满足的情绪，应该千方百计地压抑下去、克制下去，而不能让它发泄出来。但是他们不知道，这样的情绪和意愿被压制，可能会产生一种心理上的能量，而这种能量只有通过其他的途径才能释放出去，但它却丝毫不会减少。这就好像物理学上的"能量守恒定律"。

即使在压抑、克制阶段你意识不到它的存在，但也只说明它从"显意识层"，转移到了"潜意识层"，对你的影响仍然存在，而且一直在找机会真正发泄出去。

打个比方，情绪就像大水，你不让其发出去，而是像往水库里蓄水那样积压它，就只能是越涨越高，在心理上形成一个强大的压力。

因为要想它不外流，就必然要在心理上高筑堤坝，而这势必使人在心理深处与外界日益隔绝，从而造成精神的忧郁、孤独、苦闷和窒息。

如果这股暗流汹涌到一定程度，就会冲破心理的堤坝，使人产生一些变态的行为，甚至导致精神失常。

实际上，对于这样的情绪，最好的办法是疏导，而不是堵塞。因为堵塞只能是暂时的，到一定程度就会造成"决堤"，那时情况失控，就更严重了。

当然合理的宣泄有两个要点：一是宣泄情绪，二是解决问题。这就像高压锅做饭，一方面气要适当放掉，另一方面饭要做好。如果只起泄掉气的作用，那么，拿掉整个锅盖岂不是使气释放得更快？但那样一来饭却夹生了。

在冲突过程中，不能只顾一味地"撒气"，搞毫无道理的只是利己的冲突，做盲目冲突的无用功。宣泄应该是无害的，最好还是建设性的。一有怒气就大动肝火，一有痛苦就大哭大号，一有冲动就蛮干一通，并不是真正的宣泄，因为它反而会激起新的不良情绪。

宣泄时，尽量不要指责别人；用诉苦的方式，才更容易获得别人的理解。或者也可以将注意力转移到另外一件对任何人都无害的事上，比如听音乐、做运动、自言自语、写日记、找心理医生等，都是很好的宣泄方式。

情绪转移：
为什么有人喜欢迁怒于人

张总经理对公司的状况不大满意。在一次办公会议上，他作了激励的讲话，保证自己将以身作则，每天做到早到迟退，率领大家努力扭转公司的颓势。

谁知几天后的一个早晨，张总经理看报入了迷，出发的时候，离上班时间只剩几分钟了。他匆匆忙忙地开着车，闯了两个红灯后被警察扣了驾驶执照。

张总经理感到气急败坏，他抱怨说："今天活该有事，我向来遵纪守法，该死的警察不去抓小偷，却来找我的麻烦，真是可恨！"

回到办公室，正好碰到销售经理来向他汇报工作。他不带好气地问销售经理上周那笔生意敲定没有？销售经理告诉他还没有。

张总经理吼道："我已经付给你7年薪水了。现在我们终于有机会做成一笔大生意，你却把它弄吹了！如果你不把这笔生意争回来，我就解雇你！"

销售经理一肚子的不满，心想："我为公司卖了7年力，公司少了我就会停运，张总经理不过是个傀儡。现在，就因为我丢掉了一笔生意，他就恐吓要解雇我，太过分了！"

他回到自己的办公室，问秘书："今天早上我给你的那5封信打好了没有？"秘书回答说："没有。我……"销售经理冒起火来，指责说："不要找任何借口，我要你赶快打好这些信件。如果办不到，我就交给别人。虽然你已经在这儿干了3年，但并不表示你会一直被雇佣！"

秘书心里想："太让人生气了。3年来，我一直很努力地工作，经常加班加点，现在就因为我无法同时做两件事，就恐吓要辞退我。简直是欺负人！"

秘书下班回家，看到8岁的孩子正躺着看电视，短裤上破了一个大洞，她就叫起来："我告诉你多少次，放学回家后不要去瞎闹，你就是不听。现在你给我回到房间去，今晚不许看电视了！"

8岁的儿子走出客厅时想："妈妈连解释的机会都不给我，就冲我发火，真不讲理。"这时，他的猫走到跟前，小孩一生气，狠狠地踢了猫一脚："给我滚出去！你这臭猫！"

看，张总经理的消极情绪通过漫长的链条，最后传导到了秘书家的猫身上。

其实这样的情绪转移现象在生活中并不少见。一个人的不良情绪一旦无法正当发泄和排解，会怎么样呢？这时他往往会找个出气筒，把情绪转移到别人身上。

人的情绪是很容易扩散和蔓延到周围的人和事上的，有时甚至是无意识的，自己也很难控制。

但是无论如何，拿别人撒气是不对的，对别人是不公平的。我们肯定不希望别人把我们当出气筒，己所不欲，勿施于人，我们也该克制自己的情绪，不要向别人乱发脾气才好。

那么遇到不良情绪该怎么办呢？没有别的办法，只能自己想办法化解。

我们应该学会调整情绪的方法，及时扭转不良情绪，避免它蔓延。让我们再看看下面这个例子。

有一天，姜先生来到一家珠宝店，走近柜台，把手提包放在柜台上，开始挑选项链。这时，一位男士推门走进珠宝店，也来选珠宝。姜先生礼貌地把包移开，这人却愤怒地瞪了他一眼，意思是，他是个正人君子，无意碰到姜先生的手提包。他还觉得自己受到了侮辱，于是便摔门而去，临走时还说："哼！神经病！"

莫名其妙地被人骂了一句，姜先生很生气，也没心思买珠宝了，于是他离开珠宝店，开车回家。

马路上碰巧堵车，姜先生非常烦躁：哪儿来这么多的破车；这些臭司机简直不会开车；那家伙开得那么快，不要命啦；这家伙水平太臭了，怎么学的车……

在一个十字路口，他遇上一辆大型卡车，那辆卡车先慢了下来，司机伸出头向他示意，让他先过，脸上带着友好的微笑。不知怎么，姜先生的一肚子不快，一下子烟消云散了。

但愿我们每个人都能像这个卡车司机一样，用自己的好心情给别人带来愉快，而不要让不良的情绪无限蔓延。

另外，我们要懂得原谅别人。当别人对我们不友好时，不一定是真的对我们有什么恶意，也许他遇上了不顺心的事，一时转不过来弯，不知不觉地就把气撒到了我们身上。对这样的人，我们也不必过于计较，要尽量宽容待人。

情绪应激：急中生智是情绪的机变

也许我们都还记得"司马光砸缸"的故事。那时，司马光不到 10 岁。

有一天，司马光跟小伙伴在一起玩得正起劲，忽然一个在水缸上玩耍的小伙伴，一不小心掉进了水缸里，他在水中拼命挣扎，吓得大声呼救。水缸很大，要爬上去也不是很容易，而且小孩子力气小，也很难把这个伙伴拽上来。

怎么办呢？周围的孩子都吓得变了脸色，只有司马光比较镇定，他环顾四周，忽然发现了一块大石头，于是灵机一动，想出一个办法。虽然那块石头对他来说沉了一点，但他还能拿得动，于是他搬起石头，猛力向水缸砸去！

只听"咣当"一声巨响，水缸破了个大洞，水哗啦一下流出来，孩子们七手八脚地把小伙伴从缸里拉了出来。

司马光不愧是个天才人物，从小就体现出与众不同的临机应变的心理素质。

在意料之外的紧急情况下，人会产生极度紧张的情绪，心理学上把这叫作应激。当情绪处于高度应激状态时，人的应激水平快速发生变化，表现为心率、血压、肌肉紧张度发生显著的变化，大脑皮层的某一区域高度兴奋。在这种情况下，一方面，人们可能急中生智，做出平时不能做的勇敢行为，发挥出巨大的潜能；但另一方面，也可能心绪紊乱，惊慌失措，做出不适当的行为，而司马光显然属于前者。

似乎许多伟大人物都具有冷静的心理素质和超常的智谋。比如拿破仑就曾在一个应激的状况下，急中生智，救了自己的士兵。

有一次，拿破仑骑着马穿越一片树林，忽然听到一阵呼救声。他扬鞭策马，来到湖边，看见一个士兵边在湖里拼命挣扎，边向深水中漂去。岸边的几个士兵慌作一团，因为水性都不好，他们不知该怎么办。

拿破仑问旁边的那几个士兵："他会游泳吗？""只能扑腾几下！"拿破仑立刻从侍卫手中拿过一支枪，朝落水的士兵大喊："赶紧给我游回来，不然我毙了你！"说完，朝那人的前方开了两枪。

落水的士兵听出是拿破仑的声音，又听说拿破仑要枪毙他，一下子使出浑身的力气，猛地转身，扑通扑通地游了回来。

拿破仑给那位落水士兵的强烈刺激，使他精神一振，进入心理学的应激状态，于是他才使出全部力量和智能，自救成功。

有句成语叫"急中生智"，说的就是这种情况。

不过，急中生智可并不是总能发生的。有的人，急中不但不能生智，反而会吓得慌了神，更加"不智"了。有人认为，急中生智是一种天赋。其实不然，现代心理学研究发现，急中能否生智，取决于三个条件。

一是急中要"冷"，就是冷静。人越到需要紧迫作出决定的时候，思维越容易混乱，甚至思考能力干脆停止了，这样哪里还能生智？其实情况越急，心里越要不急，才想得出办法。总之，要培养在任何情况下都能保持冷静的心理素质。

二是急中要"变",也就是善于变向思考。一般的,定向思维在"急中"生不了智,常常变向思维才能让你"计上心头"。

三是要有比较丰富的知识。平时要训练自己的头脑,积累丰富的知识,在紧急时刻才有办法可想。

心理代偿:
这条路不通就走另一条

老刘在一个研究所工作,他为人正直,工作勤奋,是所里的骨干。可是很多年过去了,他却一直也没有如愿评上工程师职称。他感到很不服气,可是又没有办法,于是逐渐变得郁郁寡欢,有时还因为一点小事和别人发脾气。

同事老黄是与老刘一起分到研究所的,情况差不多,也是几次没评上工程师。老黄一开始也很苦恼,可是时间一长发现解决不了问题,还搞的家里、家外很紧张,就改变了心态。他立志要开始发奋,几年来,不仅自费学了英语,还学起了商业管理知识。后来他出去搞了一个民办科技实体,干得红红火火。

这两个人遇到了同样一件事,却一个苦恼,另一个快乐;一个消极,另一个积极。老刘孤注一掷,甘心在"一棵树上吊死",不寻找其他的出路。唯一的精神寄托一旦失去,人就会变得萎靡不振。

而老黄则不然，他采取积极的策略，信奉"活人哪能叫尿憋死"的道理，自己积极寻找别的出路，这条路不通，就走另一条，将注意力和精神追求转移开来，反而因祸得福。这就是心理代偿的巨大作用。

当人遇到难以逾越的障碍时，有时会放弃最初的目标，通过达到实现类似目标的办法，谋求要求的满足，这种做法叫作"代偿行为"。

比如，本来想去打网球，可是下雨了，不能打了，就可以选择室内打乒乓球；本来想进A公司没能进去，就转而争取进入条件相当的B公司；和甲的恋爱没有成功，于是把和甲有相似特征的乙当成了新的追求目标；等等。在以上的例子中，我们说后者对于前者具有代偿价值。

心理的代偿往往是对现实中不足的弥补，它可以起到转移痛苦，使心理平衡的作用。

代偿行为有一个特征：假如B与A相比非常容易达到，或是价值不如A，就不容易对A形成代偿。只有当B与A很相似，得到B的困难度比A相似甚至更大时，B才具有较大的代偿价值。

当然，代偿行为并不是在任何情况下都会产生的。对于最初目标的渴望如果非常热烈、迫切，就很难找到能够代偿的东西。所谓"曾经沧海难为水，除却巫山不是云"，那恐怕谁也没有办法了。

而且，在代偿行为中还有一种很特殊的情况，那就是把自己的欲求转移到能获得社会高度评价的对象物上去。这种情况在心理学上叫"升华"。这个名词是弗洛伊德创造的，按弗洛伊德的观点，所有的高层次活动都是"性欲"升华的结果。

某高校里有一位老教授，年轻的时候曾经与一位非常优秀的知识女性热恋。但遗憾的是，阴错阳差，那位女士却成了别人的新娘。这对他的打击很大，觉得再也找不到超过那位女士的意中人，就一生未婚。他把所有的精力和热情都投入工作中，成了一代学界泰斗。这就是升华的巨大作用。

生活中也常见到升华的例子，比如有些人为了发泄攻击欲，练习拳击，结果成了拳击运动员。还有些人特别执着于艺术品的制作，孜孜不倦，最后成为艺术家。

情绪共鸣：文艺作品让人欢喜让人忧

四面楚歌这个成语大概许多人都知道，形容的是四面受敌、绝望无援的境况。

秦朝末年，楚汉相争，在垓下，刘邦和项羽展开了决战。刘邦军队把项羽的军队包围了。为了减弱项羽军队的抵抗力，谋臣张良在彭城山上用箫吹起悲哀的楚国歌曲，让汉军士兵中的楚国降兵随他一齐唱。

这些歌曲传到楚军营中，使楚军不由得产生了缠绵的思乡之情。思乡之情蔓延开来，大家的斗志大大松懈。思念家乡，人们就会厌战，谁都渴望赶快回到家乡，和亲人团聚，而不愿意在这场几乎败局已定的战争中白白牺牲自己的生命。

谁都知道，战争中，士气是极为重要的。这首歌曲中浓浓的乡情，使楚军的战斗力大减。结果项羽营中的许多士兵在这首歌曲的感染下，有的逃跑，有的斗志松懈，认为宁可投降，保全自己的性命。

在这种士气下，项羽军队在战斗中败给了刘邦的军队，项羽兵败自杀，刘邦得了天下。

张良的这一成功的计谋，实际上不自觉地利用了人类的"情绪共鸣"这一心理学原理。现代心理学指出，在外界作用的刺激下，一个人的情绪和情感的内部状态和外部表现，能影响和感染别人。在一种情绪的影响和感染下，产生相同或相似的情感反应，叫作情绪共鸣。

我们阅读文学作品，或者欣赏艺术作品，都有过这样的审美体验：你阅读一部文学作品，到了动情的时候，会怦然心动，或者潸然泪下；当你欣赏一幅名画时，比如一幅描绘大自然的油画，你可能会瞬间地体悟到天人合一的境界，感觉自己与大自然已融为一体。

这都是情绪共鸣的作用。

艺术作品的感染力，大多具有情绪共鸣的成分。欣赏者由于对作品的理解，产生相似相同的情绪情感体验，才能进而理解作者的思想情感，与作者同声相应、同气相求，爱其所爱、憎其所憎。这样，艺术作品才能实现它的价值。

既然人的情绪可以被某一种情绪所感染，所同化，心理学家就想到，可以用情绪共鸣来治疗某些心理疾病。我们在生活中有时有好的情绪，有时则被坏的情绪所支配。当我们心理不健康时，就可以利用良好的情绪来感染不好的情绪，使我们的情绪恢复到良好的状态。

比如"音乐疗法"就是这样，它利用音乐中所包含的情感，来治疗心理疾病。我们知道，艺术作品里总是包含着一定的情感，富有感染人的力量，尤其以音乐最为感性，情感最为直接。音乐作品里表达的情绪，有的欢快，有的悲伤，有的轻松，有的沉重。一般来说，心理疾病患者要么忧郁，要么狂躁，要么兼而有之。

心理学家会根据患者的不同症状，对他使用恰当的音乐以影响他的情绪。

一般来说，要先了解最得意、最欢快时常听的音乐，然后将其反复播放，以唤起他们的美好回忆，带给他们轻松和愉快。比如，对抑郁症患者可以播放《命运》《美丽的多瑙河》《百鸟朝凤》等欢快和有振奋作用的乐曲；而对于有躁狂症的人则宜播放《良宵》《病中吟》《梁祝小提琴协奏曲》等舒缓的能够使人宁静的音乐。

相反，不良的情绪感染，引起的情绪共鸣对人是有害的。多年前，法国作曲家鲁兰斯·查理斯创作了一首管弦乐曲《黑色的星期天》。有一天，一家比利时的酒店里正在播放这首乐曲时，一名匈牙利青年歇斯底里地大喊一声："我实在受不了啦！"就开枪自杀了。

后来，又有100多人因为听到这首乐曲而相继自杀。后来，美国、英国、法国、西班牙等诸多国家的电台便召开了一次特别会议，号召欧美各国联合抵制《黑色的星期天》。作品被销毁了，它的作者也因为内疚而在临终前忏悔道："没想到，这首乐曲给人类带来了如此多的灾难，让上帝在另一个世界惩罚我的灵魂吧！"

酸葡萄甜柠檬心理：
吃不到的葡萄是酸的

《伊索寓言》中有一个家喻户晓的故事，说的是一只饥饿的狐狸路过果林，看见架子上挂着一串串葡萄，垂涎欲滴，可是摘不到，只得悻悻离开，它嘟囔道："葡萄还是酸的。"

在西方，这个故事甚至被引入了词典，"sourgrapes"（酸葡萄心理）就由此而来，是指得不到的就说不好。而心理学中也借用了这个术语，用来解释人类心理防卫的一种机制——合理化的自我安慰。

其实，在日常生活中，我们也时常会处于那只狐狸的境遇。比如，一个公司职员很想得到更高的职位，却总也得不到提升，为了保持内心平衡他会自我安慰：职位越高，责任越重，还不如现在工作轻松，乐得逍遥自在。

与"酸葡萄"心理相对应，还有一种心态被称为"甜柠檬"心理，它指的是人们对得到的东西，尽管不喜欢或不满意，也坚持认为是好的。

比如，你买了一套衣服，回来后觉得价钱太贵，颜色也不如意。但你和别人说起时，你可能会强调这是今年最流行的款式，即使价格贵点也值得。

心理学上有一个实验，本来是为了对"每个人对事情的兴趣，是否影响到了工作效率"的课题进行研究，但是间接证明了"酸葡萄甜柠檬定律"的存在。

心理学家招募了一批大学生来做一些枯燥乏味的工作。其中一项是把一大把汤匙装进一个盘子，再一把把地拿出来，然后再放进去，来来回回半个小时。还有一项是转动计分板上的48个木钉，先把每根顺时针转1/4圈，再把它转回，也是反反复复进行了半个小时。

工作完成后，实验者会分别给予被试者1美元或20美元的奖励，并要求他们告诉下一个来做实验的人这项工作十分有趣。

奇怪的是，实验结果却与一般的预期相反，得到1美元奖励的人反而认为工作比较有趣。

这似乎证明了，人们对已经发生的不好的事情，倾向于通过自我安慰，自我欺骗，把不愉快减轻。

这不由得让我们想起鲁迅先生笔下的阿Q。我们都知道阿Q有一种独特的精神胜利法，被称为"阿Q精神"。比如阿Q挨了假洋鬼子的揍，无奈之余，就说"儿子打老子，不必计较"来自我安慰一番，也就心平气和了。

过去，这种明显的自欺欺人心理，会成为人们的笑谈，遭到否定和批判。

但是，今天的心理学家认为，适度的精神胜利法在心理健康方面是非常有价值的。

在生活中，我们每个人都会遇到这样那样不愉快的事，有很多事情是我们无法左右、无法更改的。

那该怎么办呢？难道就要为此一味地愁苦、懊恼么？那显然不利于身心的健康，也不利于事情的解决。

这时候，使用一下阿Q精神，安慰一下自己，对于心理调节可能非常有效。实际上心理健康的人，多多少少都需要点阿Q的精神。

对于同一件事，如果我们从不同的角度去看，就会得出不同的结论，心情也会不一样。

在现实生活中，几乎所有事情都存在积极性和消极性，当你遇到不顺心的事情时，如果只看到消极的一面，心情就会低落、郁闷。这时，如果换个角度，从积极的一面去看，说不定能转变你的心情。

比如当你感冒时，与其为一时的痛苦而烦恼，不如想一想，感冒可以使人的自身免疫力提高；当你遇到挫折时，应该看到失败是成功的前奏，"塞翁失马，焉知非福？"从失败中吸取教训也是一种收获；当遇到倒霉事时，你可以想一想那些比自己更不幸的人……

有一次，美国前总统罗斯福家中被盗，他的朋友写信来安慰他。他在回信中说："谢谢你来信安慰我，我现在很平安。感谢上帝，因为贼偷去的是我的东西，而没有伤害我的生命；贼只偷去我部分东西，而不是全部；最值得庆幸的是：做贼的是他，而不是我。"

瞧，凡事换一个角度去看，事情就显得不一样了。

当然，如果事情还有改变的余地，我们就不倡导进行自我安慰，而是要面对现实，主动去改变现状。

投射效应：
勿以小人之心度君子之腹

心理学研究发现，人们在日常生活中常常不自觉的把自己的心理特征（如个性、好恶、欲望、观念、情绪等）归属到别人身上，认为别人也具有同样的特征，比如：自己喜欢说谎，就认为别人也总是在骗自己；自己自我感觉良好，就认为别人也都认为自己很出色……

心理学家们称这种心理现象为"投射效应"。

心理学家罗斯做过这样的实验来研究投射效应，在80名参加实验的大学生中征求意见，问他们是否愿意背着一块大牌子在校园里走动。结果，48名大学生同意背牌子在校园内走动，并且认为大部分学生都会乐意背，而拒绝背牌的学生则普遍认为，只有少数学生愿意背。可见，这些学生将自己的态度投射到其他学生身上。

投射使人们倾向于按照自己是什么样的人来知觉他人，而不是按照被观察者的真实情况进行知觉。

克服投射效应的消极作用，我们应该辩证地、一分为二地看待自己和他人，严于律己、客观待人，尽量避免以自己的标准去判断他人。

一般而言，投射效应的表现形式主要分为感情投射和缺乏认知客观性两种。感情投射者认为别人的喜好与自己相同，将自己的思维方式强加给对方，比如，自己喜欢某一事物，跟他人谈论的话题总是离不开这件事，不管别人是不是感兴趣、能不能听进去。喜欢高雅音乐的人对听流行音乐的年轻人嗤之以鼻，认为他们俗不可耐，根本不懂音乐。缺乏认知客观性者主观地将自己的认知当做客观的评判标准，把自己的感情投射到他人或事物之上，认为自己喜欢的人或物都是美好的，对自己喜欢的人或事越来越喜欢，越看优点越多；自己讨厌的人或事是丑恶的，并且把自己的感情投射到这些人或事上进行美化或丑化的心理倾向，失去了人际沟通中认知的客观性，从而导致主观臆断并陷入偏见的泥潭。

由于投射效应的存在，我们常常可以从一个人对别人的看法中来推测这个人的真正意图或心理特征。因为人都有一定的共同性，都有一些相同的欲望和要求，所以，在很多情况下，我们对别人做出的推测大都比较正确，但是，人与人之间毕竟有差异，如果胡乱地投射一番，就会出现错误。

《庄子》中记载了这样一个故事：

尧在华地巡视。华地守护封疆的人说："啊，圣人！请让我为圣人祝愿吧。"

"祝愿圣人长寿。"尧说："用不着。"

"祝愿圣人富有。"尧说："用不着。"

"祝愿圣人多男儿。"尧说："用不着。"

守护封疆的人说："寿延、富有和多男儿，这是人们都想得到的。你偏偏不希望得到，是为什么呢？"尧说："多个男孩子就多了一层忧惧，多财物就多出了麻烦，寿命长就会多受些困辱。这三个方面都无助于培养无为的观念和德行，所以我谢绝你对我的祝愿。"

人的心理特征各不相同，即使是"福、寿"等基本的目标，也不能随意"投射"给任何人。

人与人之间既有共性，又各有个性，如果投射效应过于严重，总是以己度人，那么将无法真正了解别人，也无法真正了解自己。

刻板效应：心存偏见有碍交际

有的人在评判他人时，喜欢把他看成是某一类人中的一员，而很容易认为他具有这一类人所具有的共同特征，这就是刻板效应。

刻板印象是指人们头脑中存在的，关于某一类人的固定形象。

比如，人们总认为老年人是保守的，年轻人是易冲动的。"80后"是不懂做人做事、没有责任感、不爱国的，"90后"是不用正经文字语言说话的、自私的，"00后"眼中只有自己、没有别人，知识分子文质彬彬，商人常被认为尖酸刻薄、狡诈精明的等。认为男人总是独立性强，竞争心强，自信和有抱负，而女性则是依赖性强，起居洁净，讲究容貌，细心软弱。又比如，北方人常被认为性情豪爽、胆大正直；南方人常被认为聪明伶俐、随机应变等。事实却并非都是如此。由于刻板效应的作用，人们在认知某人时，会先将他的一些特别的特征归属为某类成员，又把属于这类成员所具有的典型特征归属到他的身上，再以此为依据去认知他。

人们运用这些刻板印象去判断别人的现象，在心理学上，被称为刻板效应。

刻板效应，指的是人们用刻印在自己头脑中的关于某一类人的固定形象，来判断和评价人的心理现象。俗话说："一棍子打死一群人"，就是它的典型表现。比如种族偏见、民族偏见、性别偏见等就是刻板效应下的产物。

刻板效应在人际交往中既有积极作用，又有消极作用：积极作用在于它简化了我们的认识过程，因为当我们知道某类人的特征时，就比较容易推断这类人的个体的特征，尽管有时候有所偏颇；消极作用，常使人以点代面、以先入为主的某种成见待人，使人认识僵化、保守，令人产生认识上的偏差，如同戴上有色眼镜去看人。

苏联心理学家曾做过这样一个经典的实验。

将一个人的照片分别给两组被试者看，照片的特征是眼睛深陷，下巴外翘。分别向两组被试者介绍照片上的这个人的情况。对甲组说，这是一个罪犯；对乙组说，这是一位著名学者。然后让两组分别对此人的照片特征进行评价。

结果显示，甲组被试者认为：深陷的双眼表明他凶狠、狡诈，内心充满仇恨，下巴外翘证明他顽固不化的性格；乙组被试者认为：深陷的双眼表明此人思想的深度，下巴外翘表明此人具有探索真理的顽强精神。

对同一个照片的面部特征所做出的评价为何有如此大的差异？

我们在认知一个人的时候，很容易根据自己头脑中已经存在的与此人相联系的某一类人的固定印象来对其进行判断。

把他当罪犯来看时，自然就把他眼睛和下巴的特征归类为凶狠、狡猾、顽固不化，而把他当成学者来看时，就会认为是思想的深邃和意志的坚忍。

一般来说，刻板效应主要有三个特征：

（1）对社会人群的简单化的分类方式和泛化概括的认识；

（2）同一社会人群中刻板印象具有很大的一致性；

（3）与事实不符，甚至有时完全错误。

每一个人都是一个完整的生命体，都是独一无二的神的造物。世界上不会有两个完全相同的人，我们每一个人都是与众不同的，有着独特的人生经历，相异的个性特征，独立玄妙的内心世界。

别让刻板蒙蔽了我们的眼睛，用心看待每一个具体的、活生生的人。

那么，如何克服刻板效应呢？

第一，要善于用"眼见之实"去核对"偏听之辞"，有意识地重视和寻求与刻板印象不一致的信息。

第二，深入到群体中去，与群体中的成员广泛接触，并重点加强与群体中有典型化、代表性的成员的沟通，不断地检索验证原来刻板印象中与现实相悖的信息，最终克服刻板印象的负面影响而获得准确的认识。

情绪控制：处理不良情绪的方法

美国得克萨斯州立大学的史密斯教授，曾经针对受测者情绪的变化及其个人生理、心理状态做了一个实验。他在实验报告中指出：

一般人的情绪如果处于焦虑、愤怒、恐惧的情况下，会有一种来自脑下腺的激素肾上腺皮质激素，分泌出来刺激肾上腺，因而影响受测者的生理状态。

在这种情况下，受测者极易产生心跳加速、口干、胃部胀痛等生理现象。这种情形如果持续进行，就容易引起心脏病、高血压或胃溃疡等后遗症。

管理自己的情绪，不但有益身心健康，提高自我功能，又能使自己的工作效能提高。

这是心理学大师告诉我们的——管理情绪，首先要从处理不当情绪开始，主要包括化解愤怒、缓和性急、消除紧张、革除悲观、排遣厌倦五个领域。

1. 如何化解愤怒

行为一定要对事不对人；说出自己的感受，而不是批评对方；注意时机的适当性；要把握恰当的语言及肢体语言。另外要注重向适当可靠的人倾诉。

告诉自己，改天再谈；暂时放下它；把不良情绪关在门外。

2. 如何缓和性急

性急就是压力的表现，也是情绪不稳定的表征。性急的人容易使自己的健康受损，也会失去定力，失去理智。在生活中稍不如意都可以让我们心乱如麻，以致不屑与人交谈，或者对一般的生活情趣觉得难耐，或者对未完成的事局促难安；还有些人好争强斗胜，却输不起，易激怒。

消除性急的方法：给自己多一点时间，或割舍行程表中部分项目；向自己低语（别急！安抚心里毛躁的孩子）；哼一首曲子；休息。这些都有利于让自己的心平静下来。

3. 如何消除紧张

我们的紧张来自忙碌、竞争、工作效率。紧张时身体会出现异常反应：肌肉绷紧，手心发汗、血液化学平衡失调。因此要注意你的整体身心作用：你的行动、思想、感受、身体反应在交互作用影响，使紧张扩及你的身心和情绪表现。当你紧张时，你可以通过这样的方法改善自己的心理：净化法——静坐；运动法——松弛技术。

4. 如何革除悲观

事实上，悲观是由于不当的思考习惯所造成。碰到挫折，能区别思考的人，表现乐观，不能区别思考的人则表现悲观。

面对挫折时：乐观者认为那是暂时的、特定的、外在的原因；而悲观者则认为那是永久的、一般的、内在的原因。面对顺境时，乐观者与悲观者的思考模式正好相反。乐观者如有隔仓的船；悲观者如没有隔仓的船，容易在受训时不停进水而沉没。

要时时在心里提醒自己，要乐观一点看问题，凡事都有它积极的一面。找到事物中对你有益或者有所启发的东西。

5. 如何排遣厌倦

长期承受压力使一个人产生厌倦。你可以改变自己的环境，改变自己的观念，保持好心情。

空虚也可使一个人产生厌倦。应该拟订新目标或新的蓝图，或从事物中看出新的意义，跟积极的朋友交往，保持温暖的人际关系。

第三章

你的情绪，
决定你是坐骑还是骑士

一个人情绪不稳定,会带来一系列因情绪失控而导致的严重的后果。简单理解就是:如果我们由着情绪去做事不仅不能解决问题,还可能会带来更多问题。

> 人类的情绪，的确奇怪得令人难以解释。
>
> 有时，你在一个热闹无比的场合里，往往会有着非常冷静而清晰的头脑，但是，当一切事都静下来的时候，你的思绪却往往会混乱起来。
>
> ——古龙

乐观才不会被打败

生活是一面镜子，乐观的人能看到微笑，悲观的人看到的是哭泣。一个人能够乐观面对难关时，就意味着他已经站在了生活最高处。乐观并不难寻觅，失败后坦然面对是乐观，困苦中充满自信也是乐观。人生不可能一帆风顺，种种失败面前，我们需要乐观去面对得失。保持一份乐观的心态，不仅是一种生活态度，更是一种处世哲学。

乐观的心态就是指面临挫折仍坚信情势必会好转。从情绪的角度来看，乐观是一种很好的情绪控制力。乐观也和自信一样使人生的旅途更顺畅。

具有乐观情绪的人认为失败是可改变的，结果反而能转败为胜。悲观的人则把失败归于个性和能力上的不足。不同的解释对人生的抉择造成深远的影响。举例来说，乐观的人在求职失败时多半会积极地拟定下一步计划或寻求协助，亦即视求职的挫折为可补救的。反之，悲观的人认为已无力回天，也就不思解决之道，结果更加失败。

有人曾以2000年度某大学500名新生为对象做乐观测试。从结果中他们看出："入学考测试的是能力，从每个人解释成败的角度则可看出他是否容易放弃，一定程度的能力加上不畏挫折的心态才能成功。入学考试测不出其放弃成功的动机，而要预测一个人的成就，很重要的一点是看他是否能愈挫愈勇。以智力相当的人而言，实际成就不仅与才能有关，同时也与承受失败的能力有关。

美国知名作家海勒斯，他在40多岁的时候，患了一种"结缔组织功能减退"的疾病，使得他的身体很多部位都瘫痪了，医生诊断海勒斯复原的机会只有五百分之一。

不过，海勒斯倒是从不放弃希望。当他躺在病床上的时候，经常和医疗人员说笑、玩扑克，看滑稽的喜剧片，他觉察到一件事，只要他大笑10分钟以上，他身体的疼痛就会减轻。从此以后，海勒斯经常用笑声来替自己治病。医生发现海勒斯体内的化学平衡居然持续在改善，经过长期与病魔抗争，他最后竟完全痊愈了。医生们认为他简直是奇迹。

乐观的人对生命永远怀抱希望，所以能创造光明，海勒斯先生是最好的证据。他是个务实的乐天派，即使面对生命的重挫也能找出应变方式，而不是被坐以待毙。

以下方法能让人充满乐观：

1. 拥有童心

知道这个世界上哪一种人最乐观吗？答案是：小孩子。

绝大多数小孩子都是乐观的，他们总是好奇地睁大眼睛看这个世界，对每一件事都兴趣盎然，并能随处找到乐子，在大人眼里十分幼稚无聊的东西偏偏是他们的至宝。他们每天让自己活得开开心心，享受着单纯的快乐。似乎还在童年时代生活的人们总是活得那么自信，那么精神百倍，实际上就是来源于孩提时代那颗跳动着的纯真的心。

不过，小孩子这种天生乐观的本领，到了长大成人以后便往往渐渐丧失了。你和小时候的自己相比，是不是发觉现在的日子苦多了？你不再喜欢讲笑话，对事情也不再感到新鲜，生活里的乐趣愈来愈少，甚至认为自己活得简直像个"机器人"。

所以，一个人要培养乐观的最好方法，就是去重拾自己失落的童心。

2. 提高能力

对业务员而言，每一次被拒绝都是一次小挫折，因而每一次挫折过后就是考验你是否有足够的动力继续尝试。一次一次地被拒必然会打击士气，让人觉得拜访客户愈来愈艰难。生性悲观的人尤其难以承受，可能在心里告诉自己，"这一行我走不通，一张单子也别想签成"，这样的心态必然会导致消极灰心，甚至绝望。反之，乐观的人会告诉自己，"可能我的方法不对"或是"不过是碰到一个情绪不佳的客户"。乐观的人能从自己以外找到失败的因素，因而能尝试新的方法。

悲观的心态泯灭希望，乐观者则能激发希望。乐观与希望都可学习而得，正如绝望与无力也可能慢慢养成。乐观与希望其实都是建立在心理学家所谓的能力感上，亦即相信自己是人生的主宰，能够应付未来的挑战。任何一种能力的提高都有助于培养能力感，使你更愿意冒险与追求挑战，而一旦克服挑战便更增能力感。这样的心态能使你既有的能力做最大的发挥，缺少的能力也会努力去培养。

3. 接近大自然

当你受到挫折和不良情绪的折磨时，如何积极地改变环境：最好的办法就是拥抱大自然，在大自然里呼吸清新的空气，欣赏五彩缤纷的色彩，聆听小鸟欢快的歌唱。大自然中的绿意盎然，蓬勃的生机，会使你心旷神怡、忘却烦恼，使心情变得轻松。

曾经有很多实验证明，乐观的人往往比悲观的人表现得更杰出。因为，笑声和轻松的心情可以帮助人化解危机，扭转劣势。乐观在获得高成就的过程中具有重要价值，积极的心态能改善健康、增加快乐，并使人更容易成功。

心理状态决定人生状态

强烈的情绪反应会骤然阻断人们的正常思维，持久而炽热的情绪则能激发人们无限的潜能去完成某些工作。这几乎是显而易见的，生活中你一定会有这样的体验：在情绪好、心情爽的时候，思路开阔、思维敏捷，学习和工作效率高；而在情绪低沉、心情抑郁的时候，则思路阻塞、操作迟缓，学习工作效率低。也就是说，情绪会左右人的认知和行为，具体表现在如下几方面：

1. 情绪影响心理动机

情绪能够影响人的心理动机，可以激励人的行为，改变人的行为效率。积极的情绪可以提高人们的行为效率，加强心理动机；消极的情绪则会降低人的行为效率，减弱心理动机。一定的情绪兴奋度能使人的身心处于最佳活动状态，发挥最高的行为效率。这个最佳兴奋度因人而异。

2. 情绪影响智力活动

情绪对人的记忆和思维活动有明显的影响。例如，人们往往更容易记住那些自己喜欢的事物，而对不喜欢的东西记起来则比较吃力；人在高兴时思维会很敏捷，思路也很开阔，而悲观抑郁时会感到思维迟钝。

3. 情绪影响人际信息交流

情绪不仅仅存在于一个人的内心，它还可以在人与人之间进行传递，而成为人际信息交流的一种重要形式和手段。

人的情绪通常伴有一定的外部表现，主要有面部表情、身体动作和言语声调三种形式。比如，人们高兴时眉开眼笑，手舞足蹈，讲起话来神采飞扬；发怒时横眉立目，握紧拳头，大声吼叫；悲哀、悔恨、失望时则语言哽咽、捶胸顿足、垂头丧气……所有这一切都是一种具有特定意义的信号，可以传达给别人并引起他人的反馈。人们通过细微甚至难以觉察的情绪信号来彼此传递和获取信息——这种信息有时是难以用言语来直接表达的，并在此基础上进行下一步的交流。

英国有这样一个故事，主人公叫布朗，他的生活充满挫折，但他没有发泄情绪,而是把自己面临的所有问题看成成功的转机。布朗在公司当兼职雇员,干得不错,后来妻子同他一起从事这一项工作。

然而不幸降临,儿子染上重病,家里房子起火,公司经营不善,妻子同事纷纷退职,情况越来越糟。

正在这祸不单行之时,布朗的母亲又突然生病。他认为那样的日子是他人生中的灾难。但他没有灰心,他认为这是他生活的转折点,是他决定驾驭自己的生活并取得成功的时候。布朗和妻子商量,布朗继续工作,妻子则出去求职。在沉重的生活压力下,他们又开始了工作。一点一点,一天一天,一次还一点债,他们终于熬过来了。

是什么力量促使布朗重新振作起来?是心态的力量,是不甘心失败的决心,是不找借口开脱的决定,更不是情绪反应。他发现自己梦想成为成功者的能力,甚至是当社会的每一个标准都表明他是彻底的失败者的时候,他有了动力而且坚持到最后,并取得成功。

苦与乐源于内心而非现实

每个人的一生,总会遇上挫折,都不可避免地要经历凄风苦雨。面对艰难困苦,保持良好的情绪,将直接决定一个人的人生轨迹。

无论错在自己,或者在别人,一定要以宽恕之道面对现实。

困难总会过去，只要不从怨恨出发，不坠入恶劣情绪的苦海，就不会产生偏见，误入歧途，或一时冲动破坏大局，或抑郁消沉，振作不起来。

长期的心情不愉悦，忧郁往往伴着多愁善感，深刻腐蚀着人的精神。日子一长，心情就像五月的梅雨天愁闷不已，使人有扛不起，招架不住的感觉。

凑巧，这时如果碰到一件不顺心的事情，或者工作量突然加大，就容易导致精神崩溃，情绪低落，失去应付任何挫折、恐惧、不安的能力。

真正地掌控心灵的，不在于别人而在于你自己。世上没有不快乐的人，只有不肯快乐的心。你必须掌握好自己的心态，对它下达命令，让它快乐起来。任何时候都必须明朗、愉快、欢乐、有希望，勇敢地掌握好自己的心舵。

苦与乐全在人的心境中分别，这就是看主观上用什么态度对待人生。在困苦的逆境中能把握方向不屈奋斗，常常可以感受到内心奋斗的喜悦，这种喜悦才是人生的真正乐趣。如果在得意时骄纵狂妄，往往会种下日后祸患的根苗，乃至导致痛苦的悲剧。人生应抱定随遇而安的态度，事情来了就用心去做好，事情过去之后心要立刻恢复平静，如此才能保持自己的本然真性不至失去。生活中我们快乐与否，并非完全取决于事物本身，在更大程度上取决于你自己，取决于你对事物的认知态度。

《小窗幽记》中说："眉上几分愁，且去观棋酌酒；心中多少乐，只来种竹浇花。"如果眉间有几分愁情，不如去品酒观棋；如果心中有高兴之事，不如去种竹浇花。

如果懂得生活的情趣，就可以从一些微小的事情中获得快乐。种竹浇花的情趣，并不次于与知己共游的快乐。种竹有闲情，花也有其神态，万物各有生机，只是等你我去细心体会。懂得快乐的人，天地之间没有不快乐的。

有时候拥有一个美好的心情很容易，也许身边人的一个祝福、一个赞美、一个微笑、一个眼神就可以让你欢乐一整天。你的欢乐并不需要很伟大的事情，它们大多数来自你的周围，来自一些微不足道的小事。这些小小的欢乐就构成了你的大部分生活，很多人到处找寻生活的意义，找寻一种能让自己安心的伟大成就，其实你的生活就在你的身边。

珍爱身边的每个人，学会和他们相处，学会分享他们的欢乐和悲哀，生活就会更加美好。

有人曾经问过一些饱受磨难的人是否总是感到痛苦和悲伤，有的人答道：不是的，倒是很快乐，甚至今天我还有时因回忆它而快乐。

为什么呢？这是因为他从情绪上战胜了磨难，他从磨难中得到了生活的启示，他为此而快乐。

好情绪会给生命注入活力，使人从痛苦、贫困、难堪的处境中超脱出来。

虽然我们每一个人的人生际遇不同，但是命运对每一个人都是公平的。天上既有满天的乌云，也有满天的星星，就看你能不能磨炼出一颗坚强公平的心。有一颗快乐的心，就能够看到人生的快乐。

因此，在人生的旅途中，无论你遇到多么烦恼的事，只要学会利导思维，从不同的角度去比较，就会觉得没有什么放不下，保持乐观的心态，幸福愉快地去度过每一天。

幸福还是痛苦决定权在自己

有人说:"幸福就是猫吃老鼠、狗吃肉、奥特曼打小怪兽。"

有一段经典台词:"幸福就是——我饿了,看见别人手里拿个肉包子,他就比我幸福;我冷了,看见别人穿了件厚棉袄,他就比我幸福;我想上茅房,就一个坑,你蹲那儿了,你就比我幸福。"

只要稍微留意,就会发现这样一个问题:物质在发展,社会在进步,人们的生活水平逐年提高,但拥有幸福感的人群似乎却日益减少。

压力、抑郁、野心、烦恼等,像泛滥的洪水一般肆意地充斥着人们的神经。于是,他们在内心深处大声质问:"为什么幸福的人不是我?""我幸福起来为什么如此难?"

在校生说自己不幸福,工薪族也说自己不幸福;有的人在缺钱时郁郁寡欢,"穷"得只剩下钱时也悲从中来;有的人为进不了名利场而失落,从商为政的又会因公务缠身变得寝食难安;茕茕孑立者为未来迷茫彷徨,有伴侣者却感叹走入围城,难觅到幸福……

在日常生活中,快乐、幸福对很多人而言,宛如成为了一件"蜀道之难,难于上青天"的事情。他们沉溺于对自我、对生活的质疑的泥潭之中,就好比遇见一道难度系数极高的数学题,百思不得其解。

为什么人们的幸福感如此缺乏？有一部分人是因为太过于注重物质，忽视了精神生活的跟进；有一部分人则是计较之心过重。

事实上，那些自我感觉幸福的人，往往都不是因为他们原本拥有的很多，而是由于他们计较的很少。

一个夏日的下午，18岁的少年扬扬去拜访一位年长的智者。扬扬皱着眉头问智者："我如何才可以让自己和他人都变得笑容满面呢？"

智者笑着说："孩子啊，你年纪轻轻，便有如此觉悟，实在难得。"

接下来，智者送给扬扬四句话——第一句：把自己看成别人；第二句：把别人看成自己；第三句：把别人看成别人；第四句：把自己看成自己。

扬扬说出了自己对前三句意思的理解，很令智者满意。

"把自己看成别人"，意思说的是，在有痛苦感袭来之际，你不妨将自己视作别人，如此一来，痛苦指数自然会降低。当你喜笑颜开之时，同样将自己视作别人，没有谁会无缘无故为旁人的喜悦之事而手舞足蹈，因此，你就会变得淡定从容。当你修炼到"不以物喜，不以己悲"的境界，不再计较得失荣辱，内心就能获得安宁。就算是好事临身，也能泰然处之。保持平和心态，生活就会充满乐趣。

"把别人看成自己"，意思说的是，自己要怀一颗同情之心，心甘情愿地设身处地为别人着想，理解他人的意图和初衷。当别人做出让自己感觉不舒服的举止或行为时，不妨试着站在对方的立场上想问题。这样，你可能会发现，其实对方的所作所为并非恶意，而是有一定苦衷的。倘若条件许可，你还可以在力所能及的范围内，对别人伸出援助之手。

"把别人看成别人"，意思说的是，要尊重每个人的独立性，无论什么场合，或者什么状况之下，都不要对别人的核心领地进行侵犯。就算是夫妻，也不要想当然地以为互相之间必须百分百透明，毫无隐瞒，因为互相尊重、理解和信任，才是婚姻当中最为重要的事项。

对于第四句话，扬扬不太明白是什么意思，便向智者请教。

智者意味深长地说："这句话需要倾尽一生的时间和精力去推敲和理解，当你将这四句话统一起来，贯穿始终，融合在意念里，付诸实践中，你就能获得真正的幸福。"

智者说这番话的初衷是想让扬扬真正地做回自己。在这四句话中，第四句话的分量最重，指的是只有凡事不斤斤计较，坦诚生活，宽容大度，幸福才能成为生活中的主导。

很难具体描述幸福是什么，因为每个人对幸福的定义都不一样，但是相信幸福，相信自己可以决定幸福，这就足够了。

不较真，该糊涂时就糊涂

世界级画家毕加索对冒充他作品的假画，从来就是睁一只眼闭一只眼，概不追究。

有人对此不理解，毕加索说："我为什么要小题大做呢？作假画的人不是穷画家就是老朋友。穷画家混口饭吃不容易，我也不能为难老朋友，还有那些鉴定真迹的专家也要吃饭，况且我也没吃什么亏。"

意大利诗人、散文家和剧作家阿雷蒂诺说："人如果太较真，就是不懂如何生活；不较真既是盾，刀枪不入；不较真又是箭，什么盾也挡不住。"如果说官场上的"不较真"能够让自己进退自如的话，那么在与人交往中的"不较真"就能让自己左右逢源了。

所以，在不较真的时候，我们就得装模作样、装聋作哑，甚至是装疯卖傻。

石油大王洛克菲勒是现代商业史上的传奇人物，他的公司垄断了全美80%的炼油工业和90%的油管生意。在为人处世方面，洛克菲勒很有一套，尤其善于装糊涂。

有一次，洛克菲勒正在工作时，一位不速之客突然闯入他的办公室，直奔他的写字台，并用拳头猛击桌面，大发脾气："洛克菲勒，你这个卑鄙无耻的小人，我恨你！我有绝对的理由恨你！"

办公室所有的职员都以为洛克菲勒一定会拿起墨水瓶向他掷去，或是盼咐保安员将他赶出去。

然而，出乎意料的是，洛克菲勒并没有这样做。他停下手中的活，像木头人一样注视着他，对发生的事似乎毫无知觉，就如同被骂的是另外一个人一样。

那无理之徒被弄得莫名其妙，怒气渐渐平息下来。他是准备好了来此与洛克菲勒大闹一场的，并想好了洛克菲勒会怎样回击他，他再用想好的话去反驳。但是，洛克菲勒不开口，他反倒不知如何是好了。不得已，他又在洛克菲勒的桌子上猛敲了几下，可是仍然得不到回应，只得索然无趣地离去。再看洛克菲勒，就像根本没发生任何事一样，重新拿起笔，继续他的工作。

懂得装傻的人绝不是傻瓜，而是真正的聪明，就比如洛克菲勒。而现实生活中，有的人却斤斤计较、咄咄逼人，看似聪明绝顶但最后往往是机关算尽，聪明反被聪明误，这才是真正的傻瓜。

在现实生活中，许多人往往不能控制自己的情绪，遇到不顺心的事，要么借酒消愁，要么以牙还牙，这都是错误的做法。怎样才能做到不较真呢？

第一，要学会理智处事，沉不住气时反复提醒自己要以理智的心态来控制感情。

第二，要学会苦中作乐，善于在生活中寻找乐趣，多参加一些自己感兴趣的活动，来发泄郁闷。

第三，遇到难受、挫折、失败的事，不妨找知心朋友聊聊天。

第四，欲望少一点、心胸宽一点，这样更能保持心理平衡，维护身心健康。

凡事都要"丁是丁，卯是卯"，这样的人活着会很累。与其让自己身心疲惫，还不如在现实生活中，用一种"不较真"的思维方式，以平常之心、平静之心对待人生，该糊涂时就糊涂，这是历来被推崇的高明的处世之道。

一个人如果真能如此地"不较真"：淡泊名利、虚怀若谷、大智若愚、韬光养晦、深藏不露、知足常乐……那么他这辈子往往会过得自在洒脱。

耐得住寂寞，经得起诱惑

公元 676 年，慧能大师决定出山弘法，他最先去了法性寺。在那里，他看到两个和尚在飘动着旗子的旗杆下面争论不休。一个和尚大声叫道："明明就是旗子在动嘛，这还有什么好争论的？"另一个和尚反驳说："没有风，旗子怎么会动？明明就是风在动嘛。"

两人谁也不服谁，周围很快聚了一堆看热闹的人，大家都议论纷纷、莫衷一是。大师摇了摇头，又叹了口气，走上前去对人们说道："既不是风动，也不是旗子动，而是你们大家的心在动啊。"

人就是这样一种奇怪的动物，都希望能过得平静、幸福，可日子真过得平平静静的话，又会不甘寂寞，就像那两个和尚，对外面的花花世界"心动"。

过去，这个风动还是幡动的故事，常常被当作批判唯心主义的靶子，但这其实是禅宗里面一个著名的公案。它是告诫佛家僧众，面对外面世界的精彩，要能做到熟视无睹甚至是物我两忘，这样才能潜心向佛，早成正果。

做人也大抵如此。人要在滚滚红尘里、横流物欲中、功名利禄下、美色诱惑前，保有不生气的心态、超然的情怀，视若无物，才能静下心来做事。一般的人耐不住寂寞，耐得住寂寞的则不是一般的人。古往今来的智者贤者、成功者，都是耐得住寂寞、安于平静的。

著名医学家李时珍耐得27年的寂寞，写下了医学巨著《本草纲目》；司马迁在屈辱中耐得住寂寞，终有纪传体史学的奠基之作《史记》问世；文学巨匠列夫·托尔斯泰为了能静心完成巨著《复活》，他甚至吩咐仆人对外宣布他已死亡；作家苏童成名之后，上门的采访者、崇拜者络绎不绝，各种笔会、研讨会的邀请如同雪花般飞来，苏童却很冷静地表示门外的繁华与自己无关；2002年度诺贝尔文学奖得主匈牙利作家凯尔泰斯，一向拒绝采访，不出席各种会议，以致几种版本的《世界文化名人辞典》都查不到他的名字。

在喧嚣而躁动的世界里，一般人是很难耐得住寂寞的，因为滚滚红尘中有太多的诱惑，残酷现实中又有太多的羁绊，因此使得人们的心饱受世事的碾压。

但是，成就一番事业又必须能耐得住寂寞，十年寒窗、十年面壁、十年磨一剑……寂寞是锻炼人意志的一种方法，也是孕育成功的一个环境。

软件巨人求伯君当初为了编写WPS，在16个月时间里，把自己关在深圳某旅馆的一个房间里，夜以继日地工作。两耳不闻窗外事，只要是醒着，就不停地写。什么时候困了，就睡一会儿，饿了就吃方便面。

这段时间，求伯君始终是孤独的。有了难题，不知道问谁，解决了难题，也没人分享喜悦。但他还是耐住了寂寞，完成了后来一举成功的WPS。

著名作家王蒙说："我们有许多研究学术的，搞创作的，吃亏在不能耐得寂寞,总是怕别人忘记了他。由于耐不得寂寞,就不能深入地做学问,就难有所成。"

十年寒窗无人问,一举成名天下知。这句俗话从一个侧面表现了寂寞与成功的关系。名人之所以出名,那是因为他们能够在无人问津的寂寞中坚持做事情。钱钟书先生的《管锥篇》是一部体大思精、必然传世的学术力作,但这部著作却是他在劳动期间完成的。从1969—1972年,整整3年的时间里,钱锺书"不以物喜,不以己悲",在默默无闻的状态下,一字一句地写成了《管锥篇》。

圣人韬光,贤人遁世。要想成才、成功、成大气候,除本身的天资、才能、毅力、见识等因素外,甘于淡泊,耐得寂寞则是不可或缺的重要条件。

因为人生短暂,时间和精力有限,如果不甘于寂寞,沉溺于花花世界之中,就不可能有足够的时间和精力作保证,就难以在学业或事业上有所成就。

明朝的文征明自小并不聪明,字也写得不好,但因为耐得寂寞、学习刻苦,最终跻身江南四大才子之列。当别人或饮酒闲聊、啸歌相乐,或品茗对弈、消磨时光的时候,只有文征明不凑热闹,独自在一旁读书写字。他每天临写《千字文》,要足足完成十大本才罢休。功夫不负有心人,几年后,文征明的书法就远近闻名,购求他书画的人踏破门槛。

每个人都是凡夫俗子,都要食人间烟火,不可能"跳出三界外,不在五行中"。但我们应该在外在世界和内心世界两者之间,找到一个平衡点。有了这种平衡点,我们就会少一些浮躁,多一分安静,就不会被宴请、聚会、考察、报告、旅游这些热闹的场面所包围了，就不会被扑克、麻将、彩票这些诱惑迷了心窍。面对功利、奢华、喧嚣，保持平和与淡然的心境，这才是做事应有的心态。

傅雷先生是中国文学艺术史上著名的翻译大师，他博古通今、学贯中西的学术修养，被学术界称为一两个世纪也难得出现一位的巨匠。

傅雷不仅在翻译方面，而且在文学、绘画、音乐等各个艺术领域，都有极渊博的知识。他自己没有弹过钢琴，却能培养出傅聪这样一位世界知名的钢琴家。他没有学过专业美术绘画，却能够赏识当时并不出名的著名国画家黄宾虹，显示出其独特高超的艺术鉴赏力。

傅雷为什么能有如此"天才"呢？他的成功就是来源于他的寂寞。傅雷的儿子傅聪曾经这样评价他的父亲："我父亲是一个文艺复兴式的人物，一个寂寞的先知；一头孤独的狮子，愤慨、高傲、遗世独立……"至于傅雷本人，也曾一再告诫儿子傅聪"要耐得住寂寞"。

齐白石成名之后，有人就问他是如何从一个乡下木匠成为一代国画名师的，齐白石的回答是："作画是寂寞之道。耐得寂寞，百事可做。"

不乱于心，不困于情。只有耐得住寂寞，经得起诱惑，心平气和的人，才能收获最满意的人生。一个心浮气躁，缺乏耐性的人，往往会因小失大，因贪图眼前而错失未来，永远无法成为一个优雅而闲适的人。

人生总是充满了无数的等待，有的人在等待中枯萎，有的人在等待中绽放。

忍不是懦弱，忍让忍让再忍让

有一句流行语说："欲成大树，莫与草争；将军有剑，不斩苍蝇；水深不语，人稳不言；谋大事者，藏于心，行于事；君子藏器于身，待时而动，经历沧桑欲何求？"

西汉名将韩信年轻的时候，有两种爱好，一是钓鱼，一是剑。有一天，韩信带着一把长剑走在街上，忽然，一群无赖挡在了他的面前，其中一个对他说："别看你带着剑，其实是胆小鬼一个，如果你有能耐的话，就把我杀了，如果你没有能耐，就从我裤裆下钻过去。"说罢，叉开双腿等韩信来钻，这群无赖哈哈大笑。韩信顿时火冒三丈，真想一剑刺死这个家伙，但他咬了咬牙，冷静下来，想了想，还是从无赖的裤裆下钻了过去。

这就是著名的"胯下之辱"的故事，俗话说"士可杀不可辱"，韩信为什么能忍受这样的奇耻大辱呢？对此，韩信后来说："我当时并不是怕他，而是没有道理杀他，如果杀了他，也就不会有我的今天了。"作为叱咤风云的一代名将，韩信的确不是胆小鬼，试想一下，如果韩信一剑刺死无赖，就难逃一死，哪有日后百战百胜的韩大将军呢？因此忍让不是窝囊，我们要像韩信那样"忍小忿而就大谋"，这才是大智大勇的表现。

忍耐不是麻木不仁，不是懦弱窝囊，相反，它更需要自信和坚韧的品格。能以牺牲自己的小利而保全大局，善于从容退让，这不是窝囊，而是大公无私；对他人的小过失不理会、不计较，这不是窝囊，而是宽宏大量；失败后，能忍受暂时的屈辱，在暗地里默默积蓄力量，这更不是窝囊，而是忍辱负重。能做到这些，才是真正的男子汉大丈夫。"将军额上可跑马，宰相肚里能撑船"，古往今来，那些最终成就大事的帝王将相，每一个人或多或少都有过忍让的经历。

唐朝的娄师德为人深沉，气度宏阔，有极强的忍耐力。他的弟弟做州守被罢官免职后非常恼火，娄师德劝他弟弟说："你要学会忍让，不要因自己被罢官，就大发雷霆。"他弟弟说："别人把唾沫吐到我脸上，我自己擦干总算行了吧？"娄师德说："不可以，你自己把别人吐到你脸上的唾沫擦干了，会更加引起吐你人的气愤，你要让它自己干了。"娄师德靠这种忍让，得到了武则天的欣赏，官居宰相之位。

能包容一切、忍耐一切，必能改变一切、克服一切。当环境所迫或者与人发生矛盾和冲突时，有理智的人总会保持清醒的头脑，对自己有克制，忍让忍让再忍让，一直忍到苦尽甘来的时候。

古人说："必须能忍受别人不能忍受的触犯和忤逆，才能成就别人难及的事业功名。"对于做大事者来说，忍让是成就事业必须具备的基本素质，能在各种困境中忍受屈辱是一种能力，而能在忍受屈辱中负重拼搏更是一种本领。

越王勾践在战败后，为了实现雪耻的宏图大志，他忍气吞声给吴王喂马，当低三下四的马夫。他的妻子为吴王献歌跳舞。为了博得吴王的信任，勾践甚至尝过吴王的粪便，后来被吴王放回越国。回国后，勾践卧薪尝胆，重整旗鼓，最终一举灭吴，杀死夫差，实现了复国雪耻的抱负。

有人认定，忍受委屈就是窝囊，承担屈辱就是没有骨气，这是有失偏颇的。苏轼就批评了这种观点："匹夫见辱，拔剑而起，挺身而斗，此不足为勇也。"准确地说，忍让不仅是人在困难时的必然选择，也是走出困境的一种智慧，更能彰显一个人的美德。人都会遇到许多不愉快的、难堪的事情，因此会感到很气愤，很窝火，但恰恰此时此刻的所作所为，最能体现出一个人的修养和风度。

廉颇和蔺相如同是战国时的赵国大臣，由于蔺相如几次为赵国立了功，赵王便封他做上卿，位置一下处于廉颇之上。廉颇因此很不服气，扬言说："我见到蔺相如，一定要羞辱他。"而蔺相如听到这话，就一直刻意回避他。在街上遇见他的车子，也都躲避，甚至假装生病不上朝以免与廉颇同列。蔺相如手下的人很不理解，蔺相如解释说："我连秦王也不怕，我会怕廉将军吗？秦国之所以忌惮我们赵国，就是因武有廉将军，而文有我啊。如果我们之间起了争斗，秦国就会乘虚而入，我之所以避着廉将军，为的是赵国的利益。"廉颇听说了这件事以后，十分羞愧，就主动到蔺相如府上请罪。蔺相如的忍让使得赵国出现了将相和睦的大好局面。

人在屋檐下，哪能不低头。在社会上，谁能不吃点亏，谁能不受点气？忍让一下并不是丢脸的事情。不过，忍让也要有限度和原则。对于涉及大是大非的原则问题，我们应该奋起反击。因为无原则的忍让，就是在纵容坏人或者坏习惯，这样会让好人受气、坏人当道，如此的忍让还有什么意义呢？所以，忍让也应掌握好原则，把握好尺度。忍无可忍之时，就无须再忍。

人们在生活中常常遇到一些无奈：亲人、朋友、同事的误解，甚至是责备，面对这些状况，脾气较好的人选择忍耐。适度的不生气，其实是一颗理解、宽容的心，意味着善解人意、通情达理。老话说"将心比心""换位思考"，就是说要多站在对方的立场上考虑问题，遇事多为别人着想，善于体谅他人的难处，理解对方那些一时冲动的言行，这样自然就能平和地看待问题，也不会觉得自己受了多大的委屈，有了这种大度的胸襟与气度，自然就能忍耐了。

墙上草生于寸土之上，瓦砾之间，势单力薄的它们为什么还能生存？那是因为它们能逆来顺受，能随风摇摆。我们很多人的生存环境与墙上草差不多，没有背景，没有资源，完全是靠自己在打拼未来。所以遇到不如意的事，要忍耐忍耐再忍耐，如果为一些小事情而针锋相对、以牙还牙，结果很可能是两败俱伤。如此一来，哪来的机会实现远大的志向与宏图大业呢？

宋代苏洵说："一忍可以制百辱，一静可以制百动。"这就是忍让的巨大作用。如果我们对待非原则性的问题，能忍则忍，能让则让，肯定会让人心态更平和，情绪更稳定。

☑ 情绪控制：咽下怨气，才能争气

一般人常说，要争一口气，其实，真正有功夫的人，是把这口气咽下去。有的人只看见别人的过错，看不见自己的缺失，面对别人的指责，也常不加自省，反倒以恶言相向来掩饰自己的心虚。

不中听的话是一把锐利的剑,可以刺穿你的心脏,但是你也可以伸手握住它,使它成为你的利器。

言者无意,听者有心,一切在于你如何用心来面对人生的挫折,你可以反驳别人的批评,斥责别人的无知,但这样并不会使你在别人心目中的地位提高,反而得不偿失。只有痛定思痛、反求诸己的人,才可以化干戈为玉帛。

麦金莱任美国总统时,因一项人事调动而遭到许多议员政客的强烈指责。在接受代表质询时,一位国会议员脾气暴躁、粗声粗气地给总统一顿难堪的讥骂。但麦金莱却若无其事地一声不吭,听凭这位议员大放厥词,然后用极其委婉的口气说:"你现在怒气该平和了吧?照理你是没有权力责问我的,但现在我仍愿意详细解释给你听……"说罢,那位气势汹汹的议员只得羞愧地低下了头。

遭到别人的指责和抱怨的事常可碰到。遭人指责抱怨,是件极不愉快的事,有时会使人觉得很尴尬,尤其是在大庭广众面前受到指责,更是不堪忍受。但从提高一个人的处世修养角度讲,无论你遇到哪种情况的指责,都应该从容不迫,对者有则改之,错者加以耐心解释,泰然处之。为摆脱因指责而气愤的尴尬局面,不妨采纳心理学家提出的以下建议。

1. 保持冷静

被人指责总是不愉快的,面对使你十分难堪的指责时,要保持冷静,最好暂时能忍耐住,并做出乐于倾听的表示,不管你是否赞同,都要待听完后再作分辩。因对方的一两句刺耳的话,就按捺不住,激动起来,硬碰硬,不仅解决不了问题,还易将问题搞僵，将主动变为被动。

2. 让对方亮明观点

有些指责者在指责别人时，往往似是而非，含糊其词，结果使人不知所云。这时，你可向对方提出讲清问题的要求，态度要和气，如"你说我蠢，我究竟蠢在哪里？"或者"我到底干了什么傻事？"以便搞清对方究竟指责和抱怨你什么，让对方及时亮明自己的观点和看法。这一策略往往能有效地制止指责者对你的攻击，并能将原来的攻防关系转变为彼此合作、互相尊重的关系，使双方把注意力转向共同感兴趣的问题。

3. 消除对方的怒气

受到指责，特别是在你确实有责任时，你不妨认真倾听或表示同意对方对你的看法，不要计较对方的态度好坏，这样，指责完毕，气也消了一半。即使当你确信对方的指责纯属无稽之谈时，也要对其表示赞同，或者暂时认为对方的指责是可以理解的。这会使对方无力再对你进行攻击；相反，你却可以获得更多的机会和时间进行解释，从而消释对方的怒气，使隔膜、猜疑、埋怨和互不信任的坚冰得以化解。

4. 平静地给恶意中伤者以回击

也许，大多数指责者并不是出于恶意而指责别人。但是，在现实生活中，确有极少数人为了其个人目的而对他人进行恶意中伤。对于这样的寻衅挑战者，应该坚定地表示自己的态度，不能迁就忍耐，更不能宽容而不予回击，但应注意态度，以柔克刚。这样，会使你显得更有气魄，更有力量。

第四章

停止内耗，情绪断舍离

生活中不可能没有挫折、烦恼，那么作为有主观感受的人类，不可能永远处于好情绪中，消极情绪常常伴随着负面事件而来。有人说："真正心理成熟的人是没有坏情绪的。"其实他们不是没有坏情绪，而是善于调节和控制自己的坏情绪。

> 一切对人不利的影响中，
> 最能使人短命夭亡的就是
> 不好的情绪和恶劣的心情。
>
> ——胡夫兰德

既要拿得起，也要放得下

不要永远背着过去的包袱，放下它。

俗话常说："人生最大的幸福是放得下。"一个人拿得起是一种勇气，放得下是一种度量。

对于人生道路上的鲜花与掌声，有处世经验的人大都能等闲视之，屡经风雨的人更有自知之明。但对于坎坷与泥泞，能以平常心视之，就非易事。大的挫折与大的灾难，能不为之所动，能坦然承受，这就是一种度量。佛家以大肚能容天下之事为乐事，这便是一种极高的境界。既来之，则安之，这是一种超脱，但这种超脱又需要多年磨炼才能养成。拿得起，实为可贵；放得下，才是做人的真谛。

张老师是一位著名的电影演员，在她最辉煌的时刻，毅然放弃事业，选择了出国，令许多圈内人士大为惊讶。有一次，一位记者就此事采访了回国不久的张老师，请她谈谈当初做这种选择背后的真实想法。

记者：当年为什么不去好莱坞发展？

张老师：当时在美国的时候我很希望能把书念好，这是我很大的一个愿望，因为拍戏我从初中就离开了学校。

记者：所以当初就选择了出国？很多人说到您当年出国的事情都觉得特别奇怪，因为那是您最风光的时候，却放弃了事业。

张老师：其实没什么好奇怪的，可能这与我生来就比较能拿得起放得下有关吧。我看到过一篇文章上说：手里拿着一个硬币，把手掌朝下松开，硬币掉了，这是一种放下的方法；另外一种方法是手里同样拿着一个硬币，手掌向上放开，硬币还在手掌里，但是人也轻松了，意思就是很多时候其实拿起和放下是同时的事情。这就是说在一个很宽松的心态中去生活，这应该是一种比较正确的人生态度。

记者：现在回头看看当初的选择，您认为有没有后悔的地方？

张老师：要说后悔呢，可能就是把自己最好的表演时段给放弃了。不过人是不能患得患失的。人的一生永远是在一种不自觉的选择中的，选择了这个，自然就放弃了那个。从这个角度说就没什么好后悔的，我也不可能让我的人生重来一次。

只要人活着，生活还是生活，每一天都是我们要闯过去的河，如果你怨恨失败，你就会在怨恨中后悔一生。生活中，你自己除了会被自己打败，别人永远击不垮你。人生下来就有一副铮铮铁骨，只是有的人被人生中的困难磨平压垮，有的人则炼得更加坚韧挺拔。

如果我们能调整好心态，能把自己的人生视如一个奋斗不息、勇往直前的过程，我们就会对生活充满希望。这就要做到：拿得起，放得下。

在通常情况下，"放得下"主要体现于以下几方面。

1. 感情能否放得下

人世间最说不清道不明的就是一个"情"字。凡是陷入感情纠葛的人，往往会理智失控，剪不断，理还乱。若能在情方面放得下，可称是理智的"放"。

2. 名声能否放得下

据专家分析，高智商、思维型的人，患心理障碍的比率相对较高。其主要原因在于他们一般都喜欢争强好胜，对"名"看得较重，有的甚至爱"名"如命，累得死去活来。倘若能对"名"放得下，就称得上是超脱的"放"。

3. 钱财能否放得下

李白在《将进酒》诗中写道："天生我材必有用，千金散尽还复来。"如能在这方面放得下，那可称是非常潇洒的"放"。

4. 忧愁能否放得下

现实生活中令人忧愁的事实在太多了，就像宋朝女词人李清照所说的："才下眉头，却上心头。"忧愁可说是妨害健康的"常见病、多发病"。

狄更斯说："苦苦地去做根本就办不到的事情，会带来混乱和苦恼。"泰戈尔说："世界上的事情最好是一笑了之，不必用眼泪去冲洗。"如果能对忧愁放得下，那就可称是幸福的"放"，因为没有忧愁的确是一种幸福。

有进有退，显出大智慧

人们喜欢把本来已成为过去的一些事情在脑子里重新演绎。这样，就有了"如果当时……""假如当时……"的感慨，也就记起"妥协"这个"事情"。

有时"妥协"是很不光彩的，因为你丧失了坚持自己的力量，也因为你失去了成功的可能。"宁可站着死，决不跪着生"就显示了妥协的耻辱之大。所以，"妥协"之计，当属"三十六计"中的"下下之策"，不选为妙。

无奈，总会有"事与愿违"的时候，无论你如何躲避，都逃脱不了"妥协"的厄运。这时，你的对手逼迫你"投降"，你的内心说服你："看在生命的份上，让步吧。"就连你的周围，也主动为你的"妥协"创造条件："来吧朋友，这才是你的明智之举。"

在"四面楚歌"的包围下，你极不情愿地举起"妥协"的旗子，并告诉自己"就这一次，何况，可能没人知道"。然而，你却错了。很快所有你知道的或知道你的人，都对此事了如指掌，比孙悟空的筋斗云还快，怎能不令人仰头长叹"今非昔比"，大有英雄末路的悲壮之感呢？

一旦"妥协"，则后患无穷：被人抓住小辫子，自然只有听从对手摆布，或打，或辱，或赔，或让，总是免不了的。连以往自己的"手下败将",也借此反攻,让你无可奈何。更要命的是,从此被钉在耻辱柱上,被人嘲笑。

然而,"妥协"是一种策略,是一门艺术。在生活中,我们也常接受妥协,且愿意妥协。

比如去逛商场、买东西,执意坚持自己,而不妥协的人定会被人讥笑为"死脑筋,不开窍"。也许花上一整天时间,也无法买到一件中意的,实在得不偿失。假若妥协一点,不仅目的达到而且双方皆大欢喜。在国际商战中,妥协的结果是双赢,是互惠。在事业上,当你屡败屡战,奋斗多年一无所获时,选择妥协便合乎情理,也"无可厚非",反之,则会落得"老大徒伤悲";在爱情上,追求一份不属于自己的爱情,实在是件徒劳无功的事,最好早早妥协。和生命存在相比,这些只是细枝末节、无关紧要的小事罢了。生命对每个人只有一次,一旦死去,便无法复生,只有活着,才能拥有一切。为了保全自己的生命,接受生死关头的妥协又何妨呢?

"妥协"是讲原则的。人怕"妥协"、不愿"妥协",不仅仅是怕失去面子,怕被人耻笑,更主要的是维护自己的、民族的、国家的"声誉"。所以,只要不牵涉到人格国格、民族气节的大是大非,妥协一般都能为人接纳,否则,就"血战到底""宁死不屈",决不妥协。

因文化背景的差异,东西方在妥协的内容上侧重点不同。中国人对关于利益方面的,往往能妥协就妥协,对关于生命方面的,往往能不妥协就不妥协;西方人对关于利益方面的,往往能不妥协的尽量不妥协,关于生命的,往往能妥协就妥协。人们真正在乎的,并不是妥协本身,而是它背后的东西。

明确想要的，作出对的选择

很多人的成功或失败，并不取决于他知不知道做事的方法，虽然方法很重要，但真正决定成败的往往是他的选择。

成功是一种选择，你选择了奋斗和坚持就是选择了成功，而不做这个选择便是选择失败，所以失败也是一种选择。

人生不过是一连串选择的过程，从你早上起来要穿哪一套衣服出门开始，你就在选择；中午要去哪里吃饭，你又在选择。女孩子有众多的追求者，在考虑结婚的时候，到底是哪一位男士比较适合自己，这需要选择；男士找对象时也需要从女孩子中选择。选择有大有小，但每日、每月所有的选择的累积影响了你人生的结果。

有这样两个故事，可以说明选择原则的重要性。

第一个故事是法国有一家报纸曾经刊登过一个智力问答：如果卢浮宫发生火灾，此时，你只能拿出去一幅名画，你会选择哪一幅？很多人回答说当然要达·芬奇的蒙娜丽莎，可是这幅"永恒的微笑"在最里面的展馆。最后一位社会学家做出了最正确的答案：拿离出口最近的一件。理由很简单，因为这样最容易实现。

第二个故事是有一架飞机坐着三个人，其中一个是物理学家，一个是总统，还有一个是哲学家。突然之间，飞机发生了故障，必须让其中的一个人跳伞以减轻飞机的负重，请问在这个时候你会选择哪一个？结果是众说纷纭。

答案是选择体重最重的一个。理由也很简单，这样可以保证飞机最小负重，保证安全。

以上两个故事充分说明了选择原则的重要性。人们做任何一项决策时，往往会根据自己的好恶来作为做决策的理由。殊不知这种选择原则很容易导致决策的失败。因为选择理由太过于主观，而没有考虑到客观实际。

我们选择一份工作，不是只为了眼前，更应该看到以后，看到未来。很多人选择工作的时候，只坚持一个原则——薪水越高越好！工作就是为了挣钱，否则打死我也不干！他们的理由是：努力学习了这么多年，不就是为了能够在工作中多赚些钱吗？的确，如此努力学习，谁都希望有一个好的结果。但是我们必须清楚，我们的工作只是为了能给公司创造更大的利益。如果哪一天我们不能再为公司创造利益了，公司也会毫不留情地收回让我们继续工作的机会。以挣钱多少来选择自己的职业，无疑是目光短浅的行为。

一个选择对了，又一个选择对了，不断地作出对的选择，到最后便产生了成功的结果；一个选择错了，又一个选择错了，不断地作出错的选择，到最后便产生了失败的结果。若想有一个成功的人生，我们必须降低错误选择的出现几率，减少作错选择的风险。这就必须预先明确你人生中想要的结果是什么，为这个结果而作出所有的选择。明确你人生想要的结果是什么，这本身又是一个选择。

有的人希望工作更顺利、更快乐，但他总是在做他不喜欢的工作，这是他的错误选择，因为他明明可以换工作；有的人希望身体更健康、更强壮，但他总是说没有时间运动，导致身体虚弱，这是他的选择，因为他明明可以抽出时间来运动；有的人希望家庭更幸福、小孩更听话，但他总是跟太太吵架，导致小孩学业跟不上，这是他错误的选择，因为他明明可以在控制情绪中花时间教育小孩；有的人希望人际关系更好，但他总是说他朋友少，这也是他的选择，因为他可以让自己多交一些朋友，但他不去交；有的人希望赚更多的钱，但他总是抱怨收入不够多，他明明可以更努力地去赚更多的钱，但他不努力，这是他的错误选择。

你是否曾经埋怨过别人？但事实上你可能错怪了别人，是你的决定使你面临今天的结果——也许你自己作决定，也许你决定由别人为你做决定。

有些人作正确的选择与决定，有些人作错误的选择与决定，但大多数人都不知道他们有权选择，或是轻易将选择权拱手让人，而且大部分的人也不喜欢别人为他们做的决定。千万不要成为这样的人。

不要等到开心快乐时，才露出微笑；

不要等到有人夸奖时，才相信自己；

不要等到要说分手时，才后悔相遇；

不要等到有了好职位，才努力工作；

不要等到失败落魄时，才记起忠告；

不要等到生病垂危时，才意识到生命的脆弱。

人生不售来回票，把握当下，学会选择，懂得放弃！

懂得自我约束，适时反省

　　一个人，在物质的或在感官的享乐上似乎失去了一些，但能让人真切地感受到：当抵御了一次强烈的诱惑之后，会让人觉得自己是个值得让自己尊重、满足和信任的人，是个能用良知战胜自私的强者。生活无小事，人生无小事，要想做个情绪稳定的人，就必须脚踏实地时时谨行，处处慎独。

　　反省，是一种心理活动的反刍与回馈，它把当局者变成一个旁观者，而将自己视作一个审视的对象，站在旁观者的立场，角度来观察自己、评判自己，懂得做人艺术的人善于通过彻底反省来打败自己内心的敌人，打扫自己思想灵魂深处的污垢尘埃，减轻精神负担净化自己的精神境界。

　　就一个人的发展来讲，具有反省能力是非常重要的，反省可以改变一个人的命运和机缘，它在任何人身上，都会产生大效用。反省所带来的不只是智慧，更是夜以继日的精进态度和前所未有的干劲。

　　力求上进的人都很重视自我反省。因为他们知道，自我反省是认识自己、改正错误、提高自己的有效途径，自我反省使人格不断趋于完善，让人走向成熟。孔子的学生曾参说，他每天从三方面反复检查自己：替人办事有未曾竭尽心力之处吗？与朋友交往有未能诚实相待之时吗？对老师传授的学业有尚未认真温习的部分吗？他天天自省，长处继续发扬，不足之处及时改正，最终成为学识渊博、品德高尚的贤人。

自我反省是道德完善的重要方法，是治愈错误的良药，它能给我们混沌的心灵带来一缕光芒。在我们迷路时，在我们掉进了罪恶的陷阱时，在我们的灵魂遭到扭曲时，在我们自以为是沾沾自喜时，自省就像一道清泉，将思想里的浅薄、浮躁、消沉、阴险、自满、狂傲等污垢涤荡干净，重现清新、昂扬、雄浑和高雅的旋律，让生命重放异彩，生气勃勃。

自我反省的主要目的是找出过失及时纠正，所以自我反省决不可以陶醉于成绩，更不可以文过饰非。

"静坐常思己过"，以安静的心境自查自省，才能克服意气情感的干扰，发现自己的本来面目，捕捉到平时还自以为是的过失。

只有善于发现并且敢于承认自己的过失，才可以进一步纠正过失。我们常常看不到自己的短处，很多缺点都是通过旁人指出才知道。这就要求我们有一颗平常心来对待别人善意的规劝和指责，反省自己的过失。俗话说"忠言逆耳利于行"，那些逆耳忠言常常能照亮我们不易察觉的另一面。

自我反省不仅是了解自己做了什么，最重要的是透过它了解自己真正的意图；柏拉图曾说，自省是做人的责任，没有自省能力的人不配做人，人只有透过自我内省才能实现美德与道德。

自省是一次自我解剖的痛苦过程。它就像一个人拿起刀亲手割掉身上的毒瘤，需要巨大的勇气。认识到自己的错误或许不难，但要用一颗坦诚的心灵去面对它，却不是一件容易的事。懂得自省，是大智；敢于自省，则是大勇。割毒瘤可能会有难忍的疼痛，也会留下疤痕，它却是根除病毒的唯一方法。只要"坦荡胸怀对日月"，心地光明磊落，自省的勇气就会倍增。古人云："君子之过也，如日月之食焉。过也，人皆见之；更也，人皆仰之。"这句话的意思是：日食过后，太阳更加灿烂辉煌；月食复明，月亮更加皎洁明媚。君子的过错就像日食和月食，人人都看得见，但是改过之后，会得到人们更崇高的尊敬。

春秋时，曾参说："吾日三省吾身。"古人也讲究"慎独"，把这当成圣人之道。因为只有每天反省自己的人才能从自己的经验中获得启示，才能获得精神上的进步。苏格拉底说："不经过反思的生活不值得过。"不对自己的生活进行反思，我们的宝贵经验就白白流失了。

而实际上我们本来可以从自己的生活中学会很多东西，但大多数人却没有对自己的生活作出总结。如果一个人要想从一个"初生牛犊"变成成熟老练的人，就必须要经常反省自己，这样才能加快自己的成熟。这是自我总结出来的经验。

以下是一些情绪的禁忌，可以用来反观一下，静静地反省：

（1）不应该无故伤害他人，把他人所应得的给予他人；应该保持诚恳悦人的态度避免虚伪与欺骗。

（2）一个真正英勇杀敌的人，决不会用拳头制止别人发言。

（3）脾气暴躁，易引起愤怒与烦扰，这种恶习可能导致一时冲动而没有理性的言行。

（4）讲话气势汹汹，未必就是言之有理。

（5）尽量避免用言语去伤害别人，但是，当别人以言语来伤害自己的时候，也应该受得起。

（6）脾气暴躁是较为卑劣的天性之一，人要是发脾气，就等于在进步的阶梯上倒退了一步。

（7）即使独处之时，也不要随便说坏话或做坏事，相反，要显出热诚有礼的样子。

罗曼·罗兰说："在你要战胜外来的敌人之前，先得战胜你自己内在的敌人；你不必害怕沉沦与堕落，只请你能不断地自拔与更新。"

做人，与其低着头埋怨错误，不如昂起头纠正错误；与其在反省中衰颓，不如在反省中奋起。反省之后，心灵得到净化，人性真正流露，这时不论做什么，都会有前所未有的热情。

抱怨生活不如改变生活

人生的路很长，遇到的挫折也很多：为环境所迫，为条件所困，为生活所累，为情感所惑……有些事情是无法改变的。但有句话是这样说的：

改变不了环境，但可以改变心境；改变不了过去，但可以把握现在；不能样样顺利，但可以事事尽心；不能选择容貌，但可以展现笑容；改变不了人生，但可以改变人生观。

人生之路永远都不是只有一条。不能改变全部时，为什么不改变局部？当我们无休止地抱怨的时候，为什么不尝试着走别的路呢？这时候，我们就应该满怀信心地尝试别的方法——当一种方法解决不了的时候，不要抱怨，尝试着走别的路，也许那就是一条捷径呢！

如果你想抱怨，生活中一切都会成为你抱怨的对象；如果你不抱怨，生活中的一切都不会让你抱怨。一味地抱怨不但于事无补，有时还会使事情变得更遭。

有这样一个故事：画家列宾和他的朋友在雪后去散步，他的朋友瞥见路边有一片污渍，显然是狗留下来的尿迹，就顺便用靴尖挑起雪和泥土把它覆盖了，没想到列宾对他说，几天来我总是到这来欣赏这一片美丽的琥珀色。在生活中，当我们一直埋怨别人给我们带来不快，或抱怨生活不如意时，想想那片狗留下的尿迹，其实，它是"污渍"，或是"一片美丽的琥珀色"，这取决于自己的心态。

不要抱怨你的专业不好，不要抱怨你的学校不好，不要抱怨你住在破宿舍里，不要抱怨你的爱人穷或丑，不要抱怨你没有一个好爸爸，不要抱怨你的工作差、工资少，不要抱怨你空怀一身绝技没人赏识你……

现实有太多的不如意，就算生活给你的是垃圾，你同样能把垃圾踩在脚底下，慢慢登上世界之巅。

抱怨，是一件随时都会发生的事情。早上起床晚了，抱怨的人会想"唉！又要扣工资了"，不抱怨的人会想"是不是我太累了，是该找个时间好好休息一下了"；路上走路，与别人撞了一下，抱怨的人会想"没长眼睛啊"？不抱怨的人可能根本就没意识到，最多会想"他也不是故意的"；到了公司，有个同事对面走过连个招呼也没打，抱怨的人会想"对我有意见？我还懒得理你呢"，不抱怨的人可能想都没想，最多会想"他也是想着做事，没留神"；工作上辛辛苦苦完成了一个任务，自认为无可挑剔，哪知交上去了才发现还有个小错误，抱怨的人会想"为什么事先没想到啊，真是白辛苦了"，不抱怨的人会想"我这么小心还是有疏漏，下次要吸取教训，要更加小心了"；喝口水呛着了，抱怨的人会想"怎么这么倒霉，喝水都要找我麻烦"，不抱怨的人会想"现在有点急躁了，沉稳一点"；吃饭咬到沙子，抱怨的人会想"谁洗的米，这么笨，沙子都不拣掉"，不抱怨的人会想"有沙子是正常的，怪我不小心没看到"；下班了，领导说大家留一下，晚上要开会，抱怨的人会想"又开会，怎么不在工作时间开啊？我女朋友的约会怎么办"，不抱怨的人会想"原来这就是鱼与熊掌不可兼得也"；晚上回到家，累得不行，抱怨的人会想"为什么生活会这么累啊"，不抱怨的会想"又过一天了，今天还真有不少收获，现在马上好好休息，明天还要好好工作"。

为什么抱怨的人会说活得这么累，因为他只看到了自己的付出，而没有看到自己的所得；而不抱怨的人即使真的很累，也不会埋怨生活，因为他知道，失与得总是同在的，一想到自己获得了那么多，他就会感到高兴。没有一种生活是完美的，也没有一种生活会让一个人完全满意。

如果抱怨成了做人的一个习惯，就像搬起石头砸自己的脚，于人无益，于己不利，生活就成了牢笼一般，处处不顺，处处不满；反之，则会明白，自由地生活着，这本身就是最大的幸福，哪会有那么多的抱怨呢？

在生活中，有些人总是在一条路上不断地走，当无路可走的时候，便怨天尤人，抱怨别人没有尽心尽力帮助自己，抱怨自己为什么这么没用。实际上，路的旁边也是路。有时候走得不好，不是路太窄了，而是我们的眼光太狭窄了。最后堵死的不是路，而是自己。

宁愿吃亏，也不欠人情

老人言："吃亏是福。"能够真正做到这一点，是一种非常高的境界，是一种处世的智慧，是一种大智若愚的表现。

从古至今，一直就存有"吃亏是福"的说法。按古人的理解，吃亏的真正意义在于，它可以消灾免祸，化祸为福，从而否极泰来。在职场中，"吃亏是福"的意义便升华到：吃小亏占大便宜，退一步海阔天空。观察那些成功人士，大都对于吃亏的经历呈现出洒脱和坦然。也许正是这种大肚量，这种荣辱不惊的处事态度，才为他们现在的成功奠定了基石。

如今吃亏这两个字已经不再单纯代表着一种被动，更多的反而代表着一种磨炼，一种积极乐观的情绪。吃亏已经成了对自我工作能力的考验和积累，它意味着多做点事，多动一下手和脑子。而在我们实际行动中，我们才会对这项工作有更为直观的感受，知道了如何才能够更好地去完成它。

对于如今在职场上打拼的年轻人而言，吃亏更是频繁出现在他们的生活里，如何正确地对待和处理这样的现象，对于年轻人来说是至关重要的。得当地忍让和接受反而能使他们在最短的时间里得到升华。

一个年轻人刚大学毕业就进入某一公司的销售部，负责产品推广。他拥有一流的口才，但更可贵的是他的工作态度和吃苦精神。那时公司正在着手新产品销售渠道的建设，新老产品都同时赶着销售，每一位员工都很忙，但领导并没有增加人手的打算，于是负责旧产品销售的人员总是被指挥去新产品销售团队帮忙。不过整个销售部只有那个年轻人欣然接受老板的指派，其他人都是去一两次就抗议了，觉得超越了自己的负责范围。那些有社会经验的老将有意无意地嘲笑他傻，他听了以后则不以为然地说："吃亏就是占便宜嘛！"

老员工们很奇怪，他有什么便宜可占呢。总是看到他跟个苦力一样四处奔波，为新产品贴广告、发传单，他们暗自想这真是一个傻人。后来他又常去下层生产部，参与现场的生产，只要哪缺人手，他都乐意去帮忙。

两年过后，正是这位被嘲笑的傻人，积累了很多经验以后，自己成立了一家设备销售公司，虽然规模不大，但是前景很乐观。原来他在以前公司任劳任怨的时候，把销售公司的基本流程都摸透了，这样说来，他真的是占了大便宜啊！现在，他仍然抱着这样的态度做事，对下属、对客户、对合作方，他都以吃亏来换取合作者和客户的信任，换来下属员工的一致拥护。这样的高尚修养使他在年轻一辈中脱颖而出。

让步与吃亏是社会活动得以进行的必要前提。为什么呢？在生活中，人们对处处抢先占小便宜的人一般没有什么好感，这样，他从做人上来说就吃了大亏。因为你已经处处抢先了，你从来不等别人想到而总是主动跳出来为自己谋你眼里的利益，那么你周围的人就再也不会主动为你着想了，反而要处处对你设防，那么，你岂不是吃了大亏？

爱占小便宜的人，情绪经常会处于比较恶劣的状态，因为很爱占小便宜，日久天长，便宜不会总让你占尽，你就会觉得自己总在吃亏，心中就会积存不满和愤怒，这对自己也会是很大的伤害。再有，太计较小利的人绝不会有什么出息，因为，你的眼光都集中到收集和占有眼前的每一点微小的利益上，它势必影响你向远处看、向高处看，影响你去获取大的成功和利益。

所以生活中很多时候，吃点小亏对你自己的利益其实不会有什么损失。人心是一杆秤，如果你能使自己做到不斤斤计较，对别人不过分苛求，待人宽厚，你周围的人就会信赖你、尊重你，你就会有一个宽松而和谐的生活氛围，你就会时时有很开心的感觉。这大概就是"吃亏是福"的真谛。

吃亏是福是智者的答案。人际关系中，每件事情是无法做到绝对公平的，总是要有人承受不公平，要吃亏。既然吃亏有时无法避免，那又何必去计较别人的境遇比自己好？最明智的方法是避免与人比这比那，而把注意力放在自己身上。"他能做，我也可以做"，以这种宽容的心态去看待所谓的"不公平"，你就会有一种好心境，它也是你创造未来的最好生产力。不管你是做老板也好，还是做生意场上的伙伴也罢，手下的人跟着你有好日子过，他才会一心一意，因为他知道老板生意好了他才会好；生意场的伙伴同你做生意总能赚到钱才不会朝三暮四，因为他晓得你赚你的，他赚他的，有钱就该大家赚。

有些人只想处处占便宜，不肯吃一点亏，总是"斤斤计较"，到后来是"机关算尽太聪明，反误了卿卿性命"。遇事装糊涂，只不过吃点小亏。但"吃亏是福不是祸"，往往有意想不到的收获。在社会交往办事过程中，道理也是如此，既然求人就不要因为吃一点亏而斤斤计较，开始时吃点亏，求别人办的事情办妥了，损失总会弥补过来，此所谓有舍必有得。

"吃亏是福"不是一句空话，尤其在关键时候要有敢于吃亏的气量，这不仅体现一个人大度的胸怀，同时也是一个人做大事的必要素质。

情绪控制：自我调节术

有人用"火山爆发"来比喻发怒的情形，但火山是没有生命的，受自然物理力量的驱使，除了爆发之外，自己一点作用都发挥不了。可是，人类可以发挥自己的作用，帮助自己处理好各种情绪，因为人体具备自我情绪调节的能力。

接纳自己的情绪，与情绪状态一起投入工作中，而不是沉浸在情绪状态中无法自拔。当一种情绪产生时，与其想着"我必须现在处理自己的情绪"，或者"我必须把压在胸口的情绪发泄出来"，倒不如试着换一种思维方式："我真的要现在就处理自己的情绪吗？"或者"我真的要处理自己的情绪吗？"又或者"我如果现在处理自己的情绪，要付出什么代价？"通过延迟获得满足，抑制冲动，就实现了对自我进行良好的控制。

情绪调节是否存在着一个下限呢？有没有可能过于强调对情绪的控制，而出现情绪控制过度的情况？我们都熟悉那些不能或者不愿意表达内心感受的人，并且经常会给他们贴一些标签，如"保守派""冷美人""木头人"等。把不善于表达情绪、情感的人当作笑料，取笑他们，是件很容易的事情。同样，在众目睽睽之下掉眼泪、哭泣，也不难做到。对于我们来说，应该记住一个普通的规则，那就是：尽管内心有些情绪让你或者他人感到无比沮丧、厌倦和吃力，但是设法控制住你的各种情绪状态，总是一个更为上乘的选择。

总之，自我情绪调节关注的是，寻求达到一种平衡。在情绪的调节过度与调节不足两者之间，就如同有一个金矿那样值得我们去探索，这个金矿的位置要更接近情绪调节过度这端，稍偏离于情绪调节不足。

自我情绪调节技巧有以下几种。

1. 换个角度看问题

相信自己可以控制情绪，并且充分认识到良好心态对自己的重要意义。遇到问题的时候，不妨从另外一个角度去看待问题，一切就都会不一样的。

2. 给自己几分钟独处时间

如果心情确实太糟糕，可以利用几分钟的时间独处，然后集中精力去愤怒、悲伤、绝望……时间一到，就要让自己停止消极情绪的发泄。这种集中时间发泄的方法，让我们不至于太压抑自己的消极情绪，又能让不良情绪及时"刹车"。

3. 你不是"奥特曼"，无法打败所有怪兽

承认自己不是"奥特曼"，不可能打败生活中的所有"怪兽"，面对那些充满敌意的人，并非一定要击倒他们，换个角度，换种方法，也许他们并非真的"怪兽"，说不定你们还能成为朋友。

4. 化繁为简的生活态度

当你为一件事情的取舍犹豫不决时，就需要问问自己内心的目标到底是什么,除此之外,一律舍弃。在智者看来,化繁为简的生活态度并不会让自己失去什么,反而只会提高效率,得到更多。

5. 不与别人做无意义的盲目攀比

我们可以把他人作为自己努力的目标,但也不能只看到别人拥有的,而看不到自己拥有的。智者很少攀比,一是因为他们已经是很出色的一批人,二是因为他们清楚:盲目攀比只会让情绪变得糟糕,倒不如把时间用来做一些有用的事情。

6. 不一味地向生活索取

有些欲望可以抑制甚至舍弃,有些争执可以让步,有些东西是可以选择放弃的。人们不快乐、不淡定的原因,是因为奢求太多,而忽视了自己内心真正的需要。

第五章

读懂社会，不要太任性

两个仇人狭路相逢,其中一人蛮横地说:"我从不给狗让路。"另一人微微一笑,侧身让道:"我正好相反。"生活中从来不乏不顺心之事,生气时的表现体现了一个人真正的修养,修养好的人往往善于控制情绪。

> 虽然没有两个人拥有同样的面孔，
> 各种地方文化也存在着种种差异，
> 但这些都只是一种表象，
> 就本质而言，
> 人类拥有同样的心理结构。
>
> ——史蒂芬·平克

洞察人心，一眼看穿他人

人心是最难以捉摸的，正如俗话说的"知人知面不知心"。每天相处在一起的人，也许你感觉对他很了解了，但有时候你又会发现你并不知道他在想什么；也有时候，你觉得自己很寂寞，很无聊。你以为身边的人都很懂你，但你却发现，没有一个人真正地理解你。

人的心理是可以被阅读的。根据人不同的需求，人的心理会随着外在展现出来。一个人的外貌特征、穿着打扮、不经意间的肢体动作、话语中的言外之意都会透露出他内心的秘密。

学会观察和分析身边的人，你不但可以更加容易地与他们交流,同时也可以学习到更多的知识,这些人构建了你生活的标准,同时也确定了你生活的圈子。世界上最难猜透的是什么?是人的内心。在与人交往的过程中,如果我们能够看透对方的内心,可能就不会遇到那么多烦恼了。

一个人的行为是外显的,而他的思想却是内隐的。有时候,行为和思想并不一致。由于种种原因,人们喜欢掩饰自己的真实想法,他们的言行与他们的真实动机往往不一致。与人相处,必须首先了解人们行为背后的思想的"秘密"。

在社会交往中,由于人们所处的环境比学校要复杂得多,所以出于保护或者其他的目的,人们通常会隐藏自己的真实想法。这样的事情在日常生活中非常常见,特别是让某人对某件事情或者事物发表评论的时候。由于提问者和被提问者两者之间的关系,当时特有的环境,以及提问者当时所向往的回答等,都会制约这个答案。最终这个答案来自复杂关系的成分,要远远高于一个人真实的想法。例如,正在追求中的男女,女方买了一件衣服,穿上它并征求男方的意见。此时男方更关心的并不是衣服本身的好与坏,而是怎样回答才能令女方更加高兴。基于这个心理,男方会一面观察女方的反应,一面适当地调整自己的言辞,而关于衣服本身的评价反而变得不重要了。

了解人的内心是一个复杂的心理过程,需要根据主要的信息来判断:第一,被认知者的外貌、言行、姿态等;第二,认知者与被认知者互动的情境、被认知者所具有的角色;第三,观察者自身的成见以及概念系统的简单与复杂程度也对认知者产生巨大影响。

事物的表面现象相似但实质不同,是很容易迷惑人的。所以，目空一切的人看样子很聪明其实并不聪明；愚笨得可爱的人看上去像个君子其实不是君子；粗鲁的人好像是很勇敢的人其实不是。混杂在禾苗里的莠草在幼苗时期与禾苗几乎没有区别；黑牛长上黄色的花纹很像是老虎；白骨像是象牙；色泽像玉的石头很容易与玉石混淆。这都是似是而非的例子。

要正确了解、判断一个人，不能只凭一言一行一事的外在表现，而要透过现象看本质，注意他对那些身处逆境或地位低下的人的态度。在具体的人际交往中，会有各种不同的情况出现，具体问题需要具体实践。

生活中，人们出于礼貌而隐藏自己真实意图的情形很多。这是一种不自然的掩饰，比如，当你向别人借钱的时候，人家不会直截了当地拒绝你，而是借别的话题暗示你，"我的钱都已经借出去了！"当你向一个漂亮女孩表白时，她不会马上拒绝你，而是告诉你"你是一个好人！"你到一个陌生人家拜访，尽管人家对你烦得咬牙切齿，你出门的时候，主人还是会跟你说："欢迎下次再来！"这种情况下，如果你还不明就里地继续下去，可能就要招人痛恨了。

在现代快速的生活节奏中，我们不可能天长日久地去考察衡量一个人然后决定与他的交往方法，而是要求我们用敏锐的眼光尽快判断制定出速战速决方针。

一个人的一言一行、一举一动，甚至一个眼神，都在向他人传递着一些微妙的信息，这些信息反映着你当时的真实心情以及你真正的性格。我们都知道，很多时候，我们想要真正去了解一个人，了解他心中的真实想法，并不是一件容易的事情。

每个人都很难从对方脸上的表情或者言谈举止来断定其心情

和目的。难过的时候,他可能微笑着巧妙地掩饰;兴奋的时候,他也可能故作深沉低头不语。因此,这时他说出来的话、做出来的事不一定出自于内心的本意。有的人无所不能,无所不通,天下人却看不起他,只有圣人非常尊重他。一般人不能真正了解他,只有非常有见识的人,才会看清其真相。凡此种种,都是人的外貌和内心不统一的复杂情形。

生活中,有时候,人们出于某种利益而隐藏自己的想法,比如你的生意伙伴,你的领导,你的同事,等等,偶尔不说实话,用一些相反的言行来迷惑你。在人际交往中,如果不能明白对方的真实意图,那就无法把握主动权。

做个不动声色的识人高手

在社会关系错综复杂、人际交往日益重要的今天,需要识人的智慧。只要乐于同人互动,并且睁大眼睛观察,勤于思考,善于学习,甘于练习,一定能很快成为一位识人高手。

一个人的所思所想和性格特征都能在举手投足、点头微笑中暴露无遗,经验丰富的识人高手从一举一动中就能识别人心。下面这些习惯动作是情绪高手长期观察的识人方法。

1. 手插裤兜者

双脚自然站立,双手插在裤兜里,时不时取出来又插进去,这种人的性格比较谨小慎微,凡事三思而后行。在工作中他们最缺乏灵活性,往往用笨办法来解决很多问题。他们对突如其来的失败或打击心理承受能力差，在逆境中更多的是垂头丧气，怨天尤人。

2. 双手后背者

两脚并拢或自然站立，双手背在背后，这种人大多在感情上比较急躁，但他与人交往时，关系处得比较融洽，其中可能较大的原因是他们很少对别人说"不"。当过兵的人对双手后背这种习惯动作很熟悉。尽管部队规定在正式场合不许袖手和背手，但还是可以看到在非正式场合一群新兵聊天的时候，突然老兵班长来了，他往往就是背握着手，昂起下巴，在新兵中走来走去。把老班长这种动作换成语言来表示，就等于他在说："我是老兵，我是班长，你们得听我的。"这是相当自信的姿势。

3. 经常摇头者

经常"摇头"或"点头"以示自己对某件事情看法的肯定或否定。他们在社交场合很会表现自己，却时常遭到别人的厌恶，引起别人的不愉快。但是，经常摇头或点头的人，往往自我意识强烈，工作积极，看准了一件事情就会努力去做，不达目的誓不罢休。

4. 吐烟圈者

这种人突出的特点是与别人谈话时，总是目不转睛地看着对方，支配欲望强，不喜欢受约束，为人比较慷慨，哥们儿义气重，因此他们周围总是包围着一群相干和不相干的人。吐烟圈还能看出此人对某个状况是积极的还是消极的态度，那就是看他把烟圈是朝上吐还是朝下吐。一个积极、自信的人多半会把烟向上吐。相反，消极、多疑的人多半会朝下吐烟。若是朝下吐，而且是由嘴角吐烟时，表示出此人往往非常消极或诡秘。

5. 拍打头部者

拍打头部这个动作多数时候的意义是表示对某件事情突然有了新的认识,如果说刚才还陷入困境,现在则走出了迷雾,找到了处理事情的办法。拍打的部位如果是后脑勺表明这种人敬业,拍打脑部只是为了放松一下自己。时常拍打前额的人是个直肠子,有什么说什么,不怕得罪人。

6. 拍打掌心者

与人谈话时,只要他动嘴,一定会有一个手部动作,比如相互拍打掌心、摊开双手、摆动手指等,表示对他说话内容的强调。这种人往往做事果断、雷厉风行、自信心强,习惯于把自己在任何场合都塑造成"领袖"人物,性格大都属于外向型,很有一种男子汉的气派。

7. 言行不一者

当你给某人递烟或其他食物时,他嘴里说"不用""不要",但手却伸过来接了,显得很客气的样子。这种人可能比较聪明,爱好广泛,处事圆滑、老练,不轻易得罪别人。

8. 触摸头发者

这种人个性突出,性格鲜明,爱憎分明,尤其疾恶如仇。他们经常做一些冒险的事情,喜欢挤眉弄眼,爱拿人当调侃对象。这些人当中有的缺乏内涵修养,但他可能特别会处理人际关系,处事大方并善于捕捉机会。

9. 抖动腿脚者

喜欢用腿或脚尖使整个腿部颤动,有时候还用脚尖磕打脚尖或者以脚掌拍打地面,这种人往往很能自我欣赏,性格较保守,很少考虑别人。然而当朋友有困难时,他会经常给朋友提出一些意想不到的好的建议。

10. 手摸颈后者

当一个人习惯用手摸颈后时，是出现了恼恨或懊悔等负面情绪。这个姿势称为"防卫式的攻击姿态"，在遇到危险时，人们常常不由自主地用手护住脑后，但在防卫式的攻击姿势中，他们的防卫是伪装，结果手没有放到脑后，而是放到了颈后。女人伸手向后，撩起头发，来掩饰自己的恼恨情绪，并装作毫不在意的样子。

11. 摊开双手者

大部分的人要表示真诚与公开的一个姿势，便是摊开双手。意大利人毫无约束地使用这种姿势，当他们受挫时，便将摊开的手放在胸前，做出"你要我怎么办"的姿态。他做的事情出现了坏的现象，别人提出来，而他摊开双手，表示他自己也没有办法解决，一副无可奈何的样子。

摊开双手，有时耸肩的姿态也会随着张手和手掌朝上而来。演员常常用到这个姿势，他们不只是表现情绪，即使在说话前，也能显示出这个角色个性的开放。

12. 解开外衣钮扣者

这种人的内心真诚友善，他在陌生人面前表达这种思想时，最直接的动作便是解开外衣的钮扣，甚至脱掉外衣。在一个商业谈判会议上，当谈判对手开始脱掉外套，领导便可以知道双方正在谈论的某种协定有达成的可能；不管气温多么高，当一个商人觉得问题尚未解决，或尚未达成协议时，他是不会脱掉外套的。那些一会儿解开钮扣，一会儿又系上钮扣的人，做人较优柔寡断，意志不坚定，犹豫不决。

13. 拍案击节者

这有两种情形。一种情形是，谈话时，一个人以手在桌上叩击出单调的节奏，或者用笔杆敲打桌面，同时脚跟在地板上打拍子，或抖动脚，或用脚尖轻拍，这种节奏并不中途停止，而是不断地嗒嗒作响，这些都是在告诉你他已经对你所讲的话感到厌烦了。另外一种情形是，一个人在看书、读报、看电视，尤其是看球赛之类突然拍案击节，表示他对故事情节或运动员的某个动作表示赞赏。这种人往往性格乐观，对烦恼不记挂于心。

14. 双手叉腰者

这种人希望在最快的时间内经过最短的距离以达到自己的目标，他突然爆发的精力常是在他计划下一步决定性的行动时，看似沉寂的一段时间内所产生的。这个姿势，就像他用V字代表胜利的符号一样，成为他的特征。不飞则已，一飞冲天；不鸣则已，一鸣惊人，就是这个意思。

找出优势，受人关注

在社会上生活的人，谁都有满足自我的需要，都希望别人能承认、尊重、赏识自己的知识和才能。我们需要不断地想方设法，在他人面前表现或推销自我，以使对方从心理上接受自己，为成功求人开通道路。

我们经常听到领导说某某人"悟性好"，也经常听到领导抱怨某某人"死脑瓜子"。这是说，在职场上，一个职员要能很好地领悟领导意图。

有一次，曾国藩召集众将开会，分析当时的军事形势说："诸位都知道，洪秀全是从长江上游东下而占据江宁的，故江宁上游乃其气运之所在。现在湖北、江西均为我收复，仅存皖省，若皖省克服……"

此时，曾国藩手下的爱将李续宾，早已明了曾国藩的意图。顺势道："大帅的意思，是想要我们进兵安徽？"

"对！"曾国藩赞赏地看了李续宾一眼，"续宾说得很对，看来你平日对此早有打算。为将者，踏营攻寨计算路程尚在其次，重要的是要胸有全局，规划宏远，这才是大将之才。续宾在这点上，比诸位要略胜一筹。"李续宾一句话就赢得了这么多的信任和夸赞，实在是高明之举。

所以，下属要及时体会领导的这种心理，注意在大众场合显示自己的过人之处，不辜负领导的信赖和赏识。李续宾作为曾国藩的心腹、爱将，就善于表现自己，既给曾国藩争了光，又平息了其他将领心中的嫉妒，保证自己被赏识和重用。

善于领会其意图，读懂领导心理需要长期练习。只有平时紧紧跟着领导关心的敏感点进行思考，才会具有在把握领导意图和工作思路方面超过其他人的可能性。

读懂领导是必须的，但作为年轻人，工作资历浅，搞好人际关系也同样重要。

领导赏识，同事赞扬，不能光靠嘴，需要年轻人对于微小的事情也要勤勤恳恳地去做，不能大事做不了，小事又不愿做。小事更容易体现勤快，更容易表现自己。

在一个单位中，手脚勤快的下属更容易得到领导的青睐。事无大小,争着干、抢着做,只有这样,领导才会更赏识你和器重你。

作风懒散,办事拖拖拉拉,领导交办的任务催办多次也不能完成,都对自己的前途不利。

一个很会表现的小伙子,大学毕业后分配到某单位工作,单位里的领导和同事大多是中年人,他就几乎每天早晨都是提前半小时到单位,打水、拖地板,搞得井井有条;再把开水提来,给领导和同事先沏一杯茶,等其他人来了,一切早已准备得妥妥当当。不光是领导,其他同事都一致夸赞他干得不错。

在公共场合也要表现自己的水平和能力,"不怕不识货,就怕货比货",领导平时十分喜欢某个下属,但众人不服气,这就只有把别人比下去,才会让人心服口服。

表现自己千万要注意不要刺激领导,尤其是一些高学历、能力强的人,在表现自己的优点时不要片面地与领导形成对比。

身在职场,在适当的时候以适当的方式表现自己,引起领导的注意,你自然会得到领导的赏识,但前提是你的表现是恰如其分的,也是与众不同的。

现在的大学毕业生就业压力很大。有很多学业优秀、能力强、有抱负的年轻人,空怀了一腔热忱,但不为人所知,因此抱怨自己怀才不遇,深深地打击了他们求职的信心。

如何让人"遇到"你,如何让人"重视"你,应该是很多年轻人不得不思考的问题。

作为年轻人,在提高自己能力的同时,还应该把心思花在如何受到他人关注上。因为一个人只是默默无闻而不受人关注总是不利于自身发展的。

走出社交焦虑的困局

在如今快节奏的现代生活中,社会交往日益增多,社会交往的成败往往直接影响着人们的升学就业、职位升降、事业发展、恋爱婚姻、名誉地位,因而使人承受着巨大的心理压力。由此产生焦虑情绪,造成心神不宁、焦躁不安,影响其工作和生活。

社交焦虑情绪常见的表现有很多种,比如:

着装焦虑。中青年女性容易产生与化妆或着装有关的焦虑情绪。简女士是某商场经理。她说:"一看见别人比自己会打扮,就像打了败仗一样,情绪一落千丈!"

同事焦虑。经济学专业毕业的路小姐业务能力极强,走到哪里都得到上司的赏识,她工作3年均在合资公司,但竟然换过6家公司。

为什么频繁跳槽?其实既不是她不适应业务,也不是老板炒她鱿鱼,都是她自己自动离职。原因只有一个,她困惑地对心理医生说:"我不知道如何与同事相处。为什么总有人造谣诬蔑我?有人排挤我?有人向老板告我的黑状?我也没有做错什么,为什么不能容忍我的存在?我只好逃避……"

谈判焦虑。黄先生是某公司副总经理。曾有很好的经商业绩,他跟随总经理到内地谈判,因感到自己对内地政策、风俗了解较少,自己普通话也讲不好,因而在商业谈判中感到压力很大。再加上总经理要求严格，谈判进展不顺利，更加重了他的心理冲突。

媒体焦虑。小赵由于工作近年来得到社会的关注，各种媒体频繁地对她进行采访，"上镜"机会很多。但因时间分配问题的冲突使她对媒体的采访越来越反感，多次出现与记者的矛盾冲突。

经心理测试，发现小赵患了焦虑性神经症。

另外，还有如亲友焦虑、校友焦虑、餐桌焦虑等情绪表现。各种各样的焦虑情绪不胜枚举，它们像病菌一样侵蚀着人们的精神和机体，不仅妨碍一个人畅通无阻地进入人际交往，还会直接影响人们的身心健康。其实，分析一下产生焦虑情绪的原因，无非是来自自卑心理：自我评价过低，忽视了自己的优势和独特性。

对社交焦虑情绪进行进一步剖析，就会发现如下的特点：

例如，有人做事急于求成，一旦不能立竿见影地取得所谓成功，就气急败坏，从精神上"打败"了自己，这是社交焦虑陷阱之一。

认为自己的表现不够出色，被别人"比了下去"，丢了面子，于是就自责，自惭形秽，产生羞耻感，这是社交焦虑陷阱之二。

缺乏分工观念，以为做不好的事情都是自己的责任。殊不知一个问题的解决需要多方面的条件，有时是"有意栽花花不开，无心插柳柳成行"。

有的人却不能接受这样的现实，认为努力与回报不平衡，便埋怨社会不公，这是社交焦虑陷阱之三。

实际上绝大多数人和事物都是：不好不坏，有好有坏，时好时坏。多侧面的特征各有其特色，怎可用同一标准去衡量？绝对化的评价方式常常会导致自己总是否定自己，这是社交焦虑陷阱之四。

在传统观念里，总是引导人们追求十全十美，言行举止、吃喝穿戴都要"看着权势做，做给权势看"。实际上那是一个温柔美丽的陷阱。俗话说"人比人，气死人"，其实，人类是地球上最高级的社会性动物，人群本身是极其多样性和多元化的，正像大象、小兔、犀牛和长颈鹿不能相互比较一样，每个人有自己的"自我意象"，每个人的个性、能力、社会作用等，都是他人不可替代的。

下面的建议对于克服社交焦虑情绪是极其有效的：

不要"看着别人活，活给别人看"。

要问一问自己：我的生活目标是什么？我是谁？我是不是每天有所进步？学会正确认识自己，愉快地接纳自己，以自我评价为主，正确对待他人评说。

在社会交往中，让自己坦然、真诚、自信、充满生命的活力。充分展示你的人格魅力，就会赢得成功。

锻炼人际交往中的亲和力。世界已经进入了合作的时代，一个人的人格魅力在智慧、在内心，学会"人合百群"是社会交往的要求，应摒弃"物以类聚，人以群分"和"酒逢知己千杯少，话不投机半句多"的陈旧观念。

活得积极自主，潇洒自在，为自己寻求快乐。焦虑、烦躁等消极情绪对于解决任何问题都无济于事，要学会心平气和、乐观、勇敢、自信，这是克服焦虑的精神良药。

尽量避免陷入争论之中

在与人交往中,因为各自的立场、身份、家庭背景以及受教育程度等方面的不同,每个人面对同一件事情,各自的想法会不同,为人处世的方法也不同。这个时候,很容易因为观点不一致而发生争辩。无论是出于好心想要纠正对方的"错误"观点,还是只是受自己的表现欲所驱使,争辩都是一种坏情绪的外露,都是一件伤感情的行为。

一般说来,争辩中占有明显优势的一方,千万别把话说得过死过硬,即使对方全错,也最好以双关影射之言暗示他,迫使对方认错道歉,从而体面地结束无益的争论。有一个机关工作人员在一家餐馆就餐时,发现汤里有一只苍蝇,不由得大动肝火。他先质问服务员,对方全然不理。后来他亲自找到餐馆老板,提出抗议:"这一碗汤究竟是给苍蝇的还是给我的,请解释。"那老板只顾训斥服务员,全然不理睬他的抗议。他只得暗示老板:"对不起,请您告诉我,我该怎样对这只苍蝇的侵权行为进行起诉呢?"那老板这才意识到自己的错处,忙换来一碗汤,谦恭地说:"你是我们这里最珍贵的客人!"显然,这个顾客虽理占上风,却没有对老板纠缠不休,而是借用所谓苍蝇侵权的类比之言暗示对方:"只要有所道歉,我就饶恕你。"这样自然就风趣又得体地化解了双方的窘迫。

如果争论无法避免，且最终获胜了，也应该表现出自己的风度，不要计较争辩时对方的态度。这个时候，你可以请对方为你帮个小忙，比如递一杯水，问对方几点了。这表明，你即使跟他进行过一场争辩，但你始终是把他当朋友的，对他并没有敌对情绪，这样可以缓解气氛，让双方尽早从充满火药味的"战场"走出来。

如果争论是对方获胜，那么也不要太计较争论本身这回事，而要认真思考对方所说的道理。不要因为自己在争论中输掉了而对对方耿耿于怀，甚至因为这一点小事而对对方打击报复。

在双方激烈的争论中，占理的一方如果认为说理已无法消除歧见时，不妨采取一种外强中干的警示性言语来终止争论，从而结束冲突。将一个两难选择摆在对方面前，使之失去最后挣扎的基础，就有可能收到警示他人、平息争辩的效果了。生物学家巴斯德，一次在实验室工作时，突然一个男子闯进来，指责他诱骗了自己的老婆。争论中双方提出决斗。清白占理的巴斯德完全可以将对方赶出门去，或者奋起决斗，但是那样并不能解决问题，甚至会造成两败俱伤的恶果。这时候巴斯德沉着地说："我是无辜的……如果你非要决斗，我就有权选择武器。"对方同意了。巴斯德指着面前的两只烧杯说："你看这两只烧杯，一只有天花病毒，一只有净水。你先选择一杯喝掉，我再喝余下的一杯，这该可以了吧？"那男子怔住了，他一下子陷于难解的死结面前，只得停止争论与挑战，尴尬地退出了实验室。这正是巴斯德提出的柔中带刺的难题，才最终使对方放弃决斗。

有人说："如果你辩论、争强，或许你会获得胜利；但这种胜利是得不偿失的，因为你永远无法得到对方的好感。"因此，你要好好权衡一下，你想要的是什么？只图一时口头的快感，还是一个人的长期好感？你在进行辩论时也许你是绝对正确的。但从改变对方的思想上来说，你可能一无所获，就算你对了，也许是错的。最好避免争论，因为在辩论中，无论是失败还是获胜，你都不会得到任何好处。这是因为，就算你将对方反驳得体无完肤，一无是处，那又怎样？你使他觉得自惭形秽、低人一等，你伤了他的自尊心，他不会心悦诚服地承认你的胜利。即使他表面上不得不承认你胜了，但他心里会从此埋下怨恨的种子！

曾有个喜欢辩论的学者，在研究辩论术，听过无数次辩论，并关注它们的影响之后，得出了一个结论：世上只有一个方法能从争论中得到最大的利益：那就是停止争论。因此，永远避免和别人正面的冲突，这种心态非常重要。

在生活中学会拒绝

在生活中，处处需要说"不"。不知有多少人因为不好意思说出那个"不"字，而买了不称心的衬衫，答应了自己办不到的事情，耽误了自己不应该耽误的约会……所以说，在生活中善于说"不"，是摆脱一切干扰的艺术。

"不"字是一个情绪强烈的负面词，当我们对上司、对朋友使用它时，一定要面带微笑，语气亲切。即使是对素不相识的营销人员，也要讲究点方式方法。

在生活中，对来自亲戚朋友的请求更要学会一些拒绝的技巧。假如我们担心老朋友埋怨我们不近人情，怕人们说我们不愿帮助人，怕伤害别人的自尊心或怕给人带来不愉快和麻烦，便轻易答应别人一些事情，结果反而使自己陷于无穷的烦恼和纠缠中不能自拔，这样不只浪费了自己的时间，还浪费了自己的精力，伤害了自己与朋友的感情。

当你要拒绝朋友的求助时，首先态度要温和，尽管说"不"是自己的权利，仍需先说"非常抱歉"或者说"实在对不起"，然后再详细陈述自己不能"帮忙"的各种理由。这样，朋友在感情上就能接受，从而避免一些负面影响。

让朋友在感情上体会到，你拒绝的是这件"事"，而不是"人"。使朋友感觉这件"事情"虽然被拒绝了，而他和你还是要好的朋友。你可以如此说："这件事我非常乐意干，只是不巧，我现在手头正做一个急件，下次您再有这样的美差，我一定干。"你还可以这样说："这几天我实在脱不开身，您是否请老张来帮忙，他在这方面业务比我精通，您若是不便于找他，我可以代您向他求助。"

不要生硬地拒绝朋友的求助，我们要注意说话的方法，委婉一些，自嘲一下，都能给对方一个台阶，让对方不至于太尴尬。同时，我们要站在对方的立场上，为对方出出主意，想想办法，让对方明白，不是自己不想帮忙，实在是力所不及。

应该让朋友意识到你是为了他的"利益"而拒绝的。你可以这样说："我非常同情您，也非常想帮助您，但对这件事我并不在行，一旦干坏了，既耽误了工作，又浪费了财物，影响也不好。您不如找一个更稳妥的人办。"或者说："您的事限定的时间太短了，我若轻易接下来，在这么短的时间内，肯定干不好。您可以先找别人，实在不行了咱俩再商量。"这位朋友即使转了一圈回来再求你，你已有言在先，这时你就可以提出一些诸如推迟完成日期之类的条件。如果这位朋友认为不行，他自己就会另请高明去了。

如果朋友请求帮助的事的确思考不周，你可以耐心地实事求是地给朋友分析这件事办与不办的利弊。让朋友自己得出"暂时不办此事"的结论。

工作中每个人都有自己的任务，虽然帮助同事是种好的品质，但若妨碍了自己的工作则应该学会拒绝。

当然，拒绝他人不是件容易的事，需要一些技巧。例如，拒绝接受不善体谅他人而又十分苛刻的上司的要求，通常都被视为不可能的事。

但是，有些老练的时间管理者却深谙回绝方法，经常将来自上司的原已过多的工作，按轻重缓急编排办事优先次序表，当上司提出额外的工作要求时，即展示该优先次序表，让上司决定最新的工作要求在该优先次序表中的恰当位置。

这种做法具有三个好处：

第一，让上司做主裁决，表示对上司的尊重；第二，行事优先次序表既已排满，任何额外的工作要求都可能令原有的一部分工作无法按原定计划完成，因此除非新的工作要求具有高度重要性，否则上司将不得不撤销它或找他人代理，就算新的工作要求具有高度重要性，上司也不得不撤销或延缓一部分原已指派的工作，以使新的工作要求能被办理；第三，部属若采取这种拒绝方式，可避免上司误会他在推卸责任。

因此，这是一种极为有效的拒绝方式。

收敛锋芒，该低头时就低头

有一句俗话说："人在屋檐下，不得不低头。"意思是，人在力量不如别人的时候，或者在求人办事之时，不能不低头退让。

所谓"屋檐"，通俗点说，就是别人的势力范围，也就是说，只要你人在这势力范围之内，靠这势力生存，那么你就在别人的屋檐下了。这屋檐有的很高，任何人都可抬头站着，但这种屋檐不多，大部分的屋檐都是非常矮的。

也就是说，进入别人的势力范围时，你会受到很多有意无意的排斥和限制，以及不知从何而来的欺压，除非你强大到不用靠别人来过日子的程度。即使如此，你也不能保证一辈子都可以如此自由自在，不用在人屋檐下避避风雨。所以，在人屋檐下的心态就有必要调整了。

富兰克林是美国开国元勋之一，他年轻时曾去拜访一位德高望重的老前辈。那时他年轻气盛，挺胸抬头迈着大步，一进门，他的头就狠狠地撞在门框上，疼得他一边不住地用手揉搓，一边看着比他的身子矮去一大截的门。出来迎接他的前辈看到他这副样子，笑笑说："很痛吧，可是，这将是你今天访问我的最大收获。一个人要想平安无事地活在世上，就必须时刻记住：该低头时就低头。这也是我要教你的事情。"

富兰克林把这次拜访得到的教导看成是一生最大的收获，并把它列为一生的生活准则之一。

富兰克林从这一准则中受益终生,后来,他在一次谈话中说:"这一启发帮了我的大忙。"

低头并非没有出息,而是一种权宜之计。头昂得太高,容易撞伤;个性太强,总有一天要吃亏。

一般来说,低头起码有这样几个好处:你很主动地低下了头,不致让你成为明显的目标;不会因为头抬得太高而把矮檐撞坏。生存于世,各种斗争极其复杂,忍受暂时的屈辱,低头磨炼自己的意志,寻找合适的机会,是一个欲成大事者必不可少的心理素质。

如果你想把事办成功,最好以老二的形象出现在人们面前。你可以尽量表现得谦虚、平和、朴实、憨厚,甚至愚笨、毕恭毕敬,使对方感到自己受人尊重,比别人聪明,在谈事时也就会放松自己的警惕性,觉得自己用不着花费太大精力去对付一个"傻瓜"了。当事情明显有利于你的时候,对方也会不自觉地以一种高姿态来对待你,好像要让着你似的,也就不会与你一争长短了。

你做老二只是一种手段,是为了让对方从心理上感到满足,使他愿意与你合作。

一个人自恃才能过人,总是表现过多,锋芒太露,就会给对手带来压力和不快,别人就会感觉到你气势太盛,不可一世,压得他喘不过气来,将你视作眼中钉肉中刺,一定会遭到别人的嫉恨和非议,甚至引来杀身之祸。

尤其是当你的傲然之气表现出来的时候,他甚至会怒火中烧,不择手段地对你施以明枪暗箭。所以,做人必须学会自敛锋芒、韬光养晦。

《三国演义》中有一段"曹操煮酒论英雄"的故事。

当时刘备落难投靠住在许都的曹操,曹操很真诚地接待了刘备。刘备虽然投靠了曹操,但雄心壮志依然未减。刘备,为防曹操谋害,于是,他就在自己住处的后园种菜,亲自浇灌,以此使曹操放松对自己的注意。一日,曹操约刘备入坐饮酒,论起天下谁为当世之英雄。刘备答道:"当今天下的英雄豪杰,据备看来,当数袁术、袁绍、刘表、孙坚、刘璋、张鲁、张绣等人。"均被曹操一一贬低。曹操提了英雄的标准——胸怀大志,腹有良策,有包藏宇宙之机,吞吐天地之志。刘备装傻问:"除了这些人之外,我实在不知道了。那么谁能当之?"曹操说:"只有您与我才是。"

刘备本以韬晦之计栖身许都,被曹操点破是英雄后,竟吓得把筷子也丢落在地上。

恰好当时大雨将到,雷声大作。刘备则从容俯身捡起筷子,并说:"哎呀,雷声太大了,吓了我一跳?"巧妙地将自己的惶恐轻轻掩饰过去,从而也避免了一场劫数,堪称英明之举。曹操也就不再怀疑刘备的野心了。

急流勇退并不是消极避难,而是养精蓄锐,积极地准备应对。

木秀于林,风必摧之。锋芒毕露的人很容易遭到别人的非议和敌视,在人生的舞台上尤其如此。

因此,要善于保存自己的实力,同时不断提高自己的能力,寻找机会化被动为主动。

情绪控制：与各种人相处的艺术

有社会，就会有人际关系。有的关系是无法选择也无法改变的，像父子、兄弟、姐妹这些血缘关系，是属于命中注定的一种关系。而另外一些关系，比如同学、朋友、同事这些关系，却是我们在学习工作中结交的。

人会做人，百事可为。怎么才算是会做人？就是拥有广泛的人脉资源。一个公认的说法是，一个人的成功只有15%是由于他的专业知识和技能，另外85%要靠他的人际关系与处世的技巧。因为一个人的能力终究是有限的，必须在群体活动和交往中得到发展。一个人所遇到的困难、危机，也必须得到他人的协助、支持才能解决。因此，为人处世必须要与他人和睦相处，要学习好如何与各种人相处的艺术。

1. 与老板相处：尊敬加学习

任何一个老板能够干到这个职位上，至少有某些过人之处。其优秀业绩、工作经验、处世艺术、自身魅力等，都是值得我们尊敬和学习的。

2. 与朋友相处：真诚加联络

既然是朋友，就要以诚相见，以心换心，谁愿意与虚伪的人交朋友呢？此外，朋友虽好，如果不经常联络，也有可能慢慢变成陌生人。没事打个电话、发条短信，向朋友嘘寒问暖，是费不了多大劲的。

3. 与下属相处：帮助加聆听

帮助下属，其实是帮助自己，因为下属工作做好了，自己的工作也就做好了。而倾听下属的心声，既能了解他们的想法，更能赢得他们对你的尊重。

4. 与合作伙伴相处：诚信加分享

对合作伙伴所作的承诺，一定说到就要做到。另外，有肉一块吃，有酒一起喝，如果过于刻薄，失去了合作伙伴，那是得不偿失的。

5. 与竞争对手相处：坦然加微笑

在我们的工作生活中，处处都有竞争对手，这是很平常的现象。所以要心怀坦然，不要耿耿于怀。同时，对他们要报以善意，因为他们说不定哪天还会成为你的同事呢。

第六章

认知觉醒，深度转化负面情绪

谁都有心烦意乱的时候。这种烦躁的心态会让人不知所措、苦恼惆怅。要想摆脱烦恼，唯有心无杂念。心无杂念的人活得清静、活得纯真，每一天都过得有滋有味、兴致勃勃。

> 一个人如果能够控制自己的激情、欲望和恐惧，那他就胜过国王。
>
> ——约翰·米尔顿

超越自卑，充满自信

奥地利著名的心理学分析家阿尔弗雷德·阿德勒认为：许多行为都是出自于"自卑感"以及对于"自卑感"的超越。在对自卑感的超越中，人往往能获得难以预料的力量，也就是说，善于利用自卑，也可以获得积极情绪。

从环境角度来看，个人对自己的评价往往与外部环境对他的态度和评价紧密相关。这点早已为心理学理论所证实。例如某人的书法不错，但如果所有他能接触到的书法家和书法鉴赏家都对他的作品给予否定性评价，那就极有可能导致他对自己书法能力的怀疑，从而产生自卑。可见，环境对人自卑的产生有着不可忽视的影响。某些低能甚至有生理、心理缺陷的人，在积极的鼓励、扶持、宽容的气氛中，也能建立起自信，发挥出最大的潜能。因此自卑情绪一旦被发现，必须尽早克服和纠正，使它转为一种积极健康的心理状态，帮助自己在工作和生活中发挥潜能。一般有自卑情绪的人会有以下特征：

（1）胆怯怕羞。人们时常略有怕羞纯属正常，但是过度胆怯、怕羞，如不愿抛头露面、不敢接触生人，则可能内心深处隐藏强烈的自卑情结。

（2）独来独往。一般来说，正常人都喜欢与同龄人交往，并十分看重友谊。但具自卑心理的人对交结朋友兴趣索然，往往喜欢独来独往。

（3）猜疑心重。自卑者对家人、朋友、伙伴、同事所提出的对自己的评论十分敏感，特别是对朋友和同事的批评，更是感到难以接受，有时甚至无中生有地怀疑别人讨厌自己，且表现出愤愤不平。

（4）有自虐倾向。占相当比例的自卑者往往会表现为自暴自弃，更有甚者，还可能表现出自虐行为，如故意在大街上乱窜、深夜独自外出、生病拒绝求医服药等，似乎刻意让自己处在险境或困境之中。

（5）逃避竞争。虽然有的人十分自卑，渴望在诸如考试、体育比赛或文娱竞赛中出人头地，可又无一例外地对自己的能力缺乏必要的自信心，因此，他们大都尽量回避参与任何竞赛。

（6）表达困难。据统计，八成以上有自卑心理的人语言表达能力较差。有的表现为口吃，表述不连贯，表达时缺乏情感，或词汇贫乏，等等。专家们认为，这是因为强烈的自卑感阻碍了大脑中负责语言学习系统的正常工作。

（7）承受能力差。自卑者大多不能像正常人那样能承受挫折、疾病等消极因素所带来的压力，即使遇到小小失败或小小疾病，他们也会"痛不欲生"，有的甚至对诸如搬迁、父母患病等意外都会感到难以适从。

自卑并非一无是处，有时候我们正因为心中的自卑才强烈地渴望进步，追求完美，也更有不断上进的力量，自卑使我们主动弥补自己的不足，从而使性格受到磨砺。每个人的内心深处都有一种灵性，这种灵性成为我们建功立业的力量，它维持我们的个性，即人的尊严与人格，人们为了维护尊严和人格，就要求克服自卑，战胜自我。我们都发现现在所处的地位是不尽如人意的，如果我们一直保持着勇气，便能通过直接、实际的方法改进身边所处的环境，使我们摆脱这种感觉。没有人能长期地忍受自卑感。人类正是通过思维而采取某种活动，来解除自己的紧张状态的。

一旦发现自己的自卑对自己已构成了不利影响，最好冷静下来，好好分析一下，自己的自卑是属于哪一种，如果是由于自我认识不足而导致的，或是由于意外挫折而导致的，那么，应该提醒自己，这样的自卑，是完全可以消除的。而如果是从小就产生的，那么，就不要刻意去消除，而是要合理地利用它，使它从不好变为好，使它成为自己成功道路上的助动力，而不是绊脚石。

就如一个从小在农村长大的孩子，后来到大城市里上学，有些同学嘲笑他的穿着、他的口音，嘲笑他满脸的土气和怯懦，而他却把深深的自卑埋在心里，发奋读书，当他如愿以偿地获得了硕士文凭，他居然可以一改往日的拘谨，和那些嘲笑过他的同学谈笑风生了。他的自卑并没有消除,他又考上了博士,后来又留学国外,进入了著名公司的高层。他的自卑从未消失,但正是因为他有效利用了他的自卑,他才可以一步步稳扎稳打地迈向成功之路。现在他仍然无法摆脱自卑,但他为自己所取得的成绩感到自豪。

把自卑情绪控制得好,就可以成为一个敢于进取、有主动创造精神的人;成为一个有积极的人生态度、活得开朗、开心的人;一个勇于承担责任、有责任心的人,而任何一个在事业上有所作为的人,都是有责任心的人;才会在平时积极思考,才会产生事业的突破,才会产生奇迹;才会积极跨越各种障碍,成为一个不怕困难的人。

转化痛苦,战胜自己

常看到生活周围有些人深陷种种艰难困苦时,依然过得快乐而有自信。有些人更为了一种更高尚的目标,为了人类的未来,而不惜牺牲世俗的快乐;甚至为了人类而遭迫害也不在意。因此当我们选择了信仰,也就选择了一种负担。我们克服着坏情绪,是因为我们知道我们的信仰是正确的,我们是自愿地去承受的。我们甘心经历痛苦,是为了得到在我们一生中都不曾知道的更多益处。所有这些,就是用信念来治疗痛苦的含义。

痛苦是一种毁灭自我的力量,但是痛苦也为我们提供了一个磨炼的机会，尽管它使我们无法享受那种安逸的生活。有人曾说："我相信，苍天不会起用尚未经历过磨难的人。"的确，磨难使我们变得成熟稳重起来，这是在安逸的生活中无论如何都做不到的。

在与悲惨命运搏斗的当口，我们会感觉到自己完完全全地处于升华的意志之中。只有经历过磨难的人，才能对生命有深刻的体认；也只有经历过磨难的人，才能够认真地生活。

下面是法国作曲家柏辽兹的故事：

19世纪法国作曲家柏辽兹到意大利留学之前，深深爱上了一位叫卡米优的姑娘，二人定有婚约。可是姑娘的母亲有一天从巴黎寄给他一封信，说是因为家族的反对，她女儿只得与他解除婚约，并说她女儿已经和别人订婚。看了信，柏辽兹顿时跌入失恋的痛苦深渊，情绪激动，由嫉妒上升为复仇。当天晚上他就男扮女装，携枪坐上了奔赴巴黎的马车，他要去杀死卡米优母女和那个不义的男子。

一路上皎洁的月光洒遍村庄田野，远山笼罩着一层轻纱般的薄雾，显得迷离朦胧。马蹄有节奏地叩击着路面，车轮发出均匀的辚辚声……柏辽兹坐在马车上，渐渐地被眼前的夜景迷住了。虽然有着满腔的愤怒和痛苦，但在这宁静的醉人月色中，情绪慢慢平静了，最后他放弃了那种荒唐的想法，谴责了自己鲁莽的举动，而且很快沉醉于乐曲的构思之中了。

人生有许多严峻的考验，其中最困难的就是战胜自我。如果能把痛苦化为强大的精神力量，在困境中战胜自己，保持心理平衡，走出情绪的纷扰也就指日可待了。

对于许许多多种丧失，人们都会产生痛苦的情绪。大火毁了房子，青春一去不复返，失业，肢体残缺，离别，夫妻分居，错过良机……所有这些，都会招致情绪哀伤。

在悲伤、绝望的感觉笼罩整个心灵世界的时候，这些消极情感又反过来加深挫折、失败以及需要匮乏的感觉，从而构成一条恶性循环的反馈链。

为了减轻心理上的痛苦，为了不使自己的精神世界崩溃，人们自觉不自觉地找出一条冠冕堂皇的理由，为自己的缺点、失败开脱。然而这既是短暂的，又是肤浅的，因为它只是让你暂时摆脱痛苦的纠缠，并不能使你获得心灵的安宁。最根本的是，要把一颗饱经痛苦折磨的心洗刷干净，让它变得更加晶莹剔透，看世界的眼光更加深刻和有力。

激发潜能，变压力为动力

征服压力，改善人生，需要培养一种崭新的、开放的心态，需要提高自我觉察能力，认清压力的来源和性质。这可能是一件相当困难的事，因为社会生活中有许多传统习俗的东西使人形成一种墨守成规的思维定式。你也许从小到大都认为，自己的情感是无法选择和控制的，因为总有许多事情可能让你自然而然地产生气愤、忧愁、压力、爱慕、喜悦、兴奋等各种各样的情感。使人高兴的事当然谁都欢迎，可对于那些无法改变的现实，只能是勇敢地接受它，这是最明智的选择。

驾驭压力，控制自己，就会踏上自由来往、四通八达的光明大道，那么，人生目标的实现就离得越来越近了。

人们在压力的驱使下，能使自己的体力和耐力达到正常情况下绝不能达到的程度。这就是为什么一个发狂的人会有正常情况下所不能有的体力。

人的潜能是相当大的，但身体潜能毕竟是有极限的，而人的心理潜力即大脑能量却是巨大得不可想象。一个人只要相信并在面临压力时开发自己的巨大潜能，就会有超凡的智慧和强大的精神力量。

所以说，人人都需要压力。只有等压力来临，才能够有效发挥潜能。

需要压力固然重要，但当压力来临时必须要用一颗平静的心对待。因为只有你内心平静，你才能化压力为动力。

当你的工作和生活面临着众多选择时，你就会感到压力，因而无法作出决定，甚至失去决定能力。那么该怎么做呢？最好明确自己的需要，以及对自己至关重要的东西，并且在重要的事项之中分出一个优先顺序。但多数人的烦恼就是有太多事情都必须优先处理，而有些人则根本没有所谓的优先顺序。

如果"优先项目"实在太多，最大的可能就是你只能专心处理其中几件，其余大多数的事则让它们自生自灭。你必须提醒自己，你现在要做的决定对生活和事业都很重要。这样，你心中若能保持清明，就能较快做决定，从而使形成的压力和耗费的精力都较少。

压力来了，不要紧张，只要保持清醒的头脑，对压力做一番分析，也对自己的能力做一番评估，有计划有步骤地实施工作，你会发现有压力状态下的效率更高，效果更好，压力不知从何时起，已经变成了一种动力。

他是音乐系的学生。当他走进练习室，钢琴上摆着一份全新的乐谱。

"又是超高难度……"他翻动着，喃喃自语，感觉自己对弹奏钢琴的信心似乎跌到了谷底，消磨殆尽。

已经三个月了！这位新的指导教授是个极有名的钢琴大师。授课第一天，他给自己的新学生一份乐谱。"试试看吧！"他说。乐谱难度颇高，学生弹得生涩僵滞、错误百出。"还不熟，回去好好练习！"教授在下课时，如此叮嘱他。

他对教授的教学感到不满，但他还是坚持照教授的吩咐去做了。

练了一个星期，第二周上课时正准备让教授验收，没想教授又给了他一份难度更高的乐谱，"试试看吧！"上星期的课，教授提也没提。他再次挣扎于更高难度的技巧挑战。第三周，更难的乐谱又出现了。同样的情形持续着，他每次在课堂上都被一份新的乐谱所困扰，感到压力越来越大。

由于因为上周的练习而有驾轻就熟的感觉一扫而空，他感到越来越不安、沮丧和气馁。

终于有一天，他再也忍不住了。他必须向钢琴大师提出这三个月来何以不断折磨自己的质疑。

教授没开口，他抽出了最早的第一份乐谱，交给他。"弹奏吧！"教授以坚定的眼神望着他。

不可思议的结果发生了，连他自己都惊讶万分，他居然可以将这首曲子弹得如此美妙、如此精湛！教授又让他试了第二堂课的乐谱，他依然呈现超高水准的表现——演奏结束，他怔怔地看着老师，说不出话来。

"如果，我任由你表现最擅长的部分，可能你还在练习最早的那份乐谱，就不会有现在这样的程度……"钢琴大师缓缓地说。

人往往习惯于表现自己所熟悉、所擅长的领域。但如果我们愿意回首，细细审视，将会恍然大悟：正是看似紧锣密鼓的工作挑战、永无休止难度渐升的环境压力，在不知不觉间培养了我们今日的非凡能力。

所以说，有时抵抗压力不如就那么承受着，顶着压力让自己不断前进，也让自己不断提高。人身上有无限的潜能，在没有压力的时候，它暗藏在心中深藏不露，而一旦受到外界压力的刺激，它就会喷发出来，使你显现出超凡的智慧和能力。

减轻负担，保持情绪稳定

有位女士有过一个有趣的亲身经历。有一年她和一群朋友到东非去探险。当时，她随身带了一个厚重的背包，里面塞满了食具、切割工具、挖掘工具、衣服、指南针、双星仪、护理药品等。她对自己的背包很满意，认为自己对旅行做好了充分的准备。一天，当地的一位土著向导检查完她的背包后，突然问了一句："这些东西让你感到快乐吗？"她愣住了，这是她从未想过的问题。她开始问自己，结果发现，有些东西的确让她很快乐，但有些东西实在不值得她背着它们走那么远的路。

于是她决定取出一些东西送给当地的村民。接下来，因为背包轻了，她感到背上不再沉重，旅行变得更愉快。她因此得到一个结论：生命里填塞的东西越少，就越能发挥潜能。从中她领悟到一些人生中值得借鉴的东西，学会在人生各个阶段中定期解开心理上的包袱，随时寻找减轻精神负担的方法。

成功人士从不忘记进行现实的自我修养，也就是思想实践，即思想的锻炼，树立新的思想感情、废弃贮存在潜意识的记忆体中的陈旧物。我们的精神负担时不时也应清扫一下，以保持它的健康和轻松。那样才能持续拥有良好的情绪。

1. 直接发泄

人们每每有所失，如友情、爱人和自尊心等就觉得伤心。你觉得伤心时，应设法找出失掉的是什么？这种丧失对你有什么影响？所丧失的曾经满足你哪些需要？失掉了今后能在哪里取得补偿？你觉得伤心，而且知道是谁令你伤心，应该怎么办？如果可能，就去找那个人当面直说他伤害了你，怎样伤害了你和为什么你有这种感觉。

不论你是否喜欢，你的情绪一定要以某种方式发泄出来。倘若不向引起你情绪恶劣的人发泄，这些恶劣情绪就会随时随地发作，结果造成发作的地点与时间都不对。最好是在情绪开始恶劣时就向引起你这种情绪的那个人说明。

2. 转移情绪

你可曾有过这样的经验：整整一天你都不大开心，但突然有朋友对你说："我们出去逛逛吧？"你的心情立即豁然开朗起来。改变思考方向，心情也会轻松起来。

现在就把自己的思考方向改变一下。你精神紧张是因为有项庞大工作必须在星期五完成，而你打算在星期六和朋友一起去买东西。那么就把自己的心情的焦点由"星期五的工作"转为"星期六的寻乐"，这样你的兴奋点就转移了，身上似乎充满了干劲。

你应该学习这种方法，把各种不良的情绪转化为积极解决难题的态度。要是你开会时总怕自己会说错话，那么就在开会之前整理思路或打篇草稿，专心听别人讲话，从他的语言中提取对自己有利的信息，也可以抽空想一些能分散你紧张情绪的事情。

3. 鼓起勇气

只要消极的想法一出现，你就应该用一句"停止"的口令，把它打消。当然，叫停很容易办得到，但实际上做起来可并不那么简单。你必须坚毅果敢，才能奏效。

林晓二十多岁，在一家大公司担任行政主管，工作勤奋。由于他小时候母亲过世，林晓由父亲抚养成人。父子俩相处得很融洽，他父亲对他事事呵护备至，给林晓填了满脑子的忧患意识。以致林晓现在凡事都要忧虑一番。

他很倾慕同部门的一位女同事，想和她约会。但他的疑虑使他踌躇不前："跟同事约会是不大好的"，或"要是她不答应，那多难为情"。

后来林晓遏制了内心的忧虑，鼓起勇气向她提出约会，她说:"林晓,为什么你等那么久才来约我?"

不言而喻,他成功了。

4.先搁一边

不知道你是否曾经有这样的体验:每天晚上,你躺在床上总是睡不着,思潮起伏:"我对孩子是不是太严苛?""客户打来的电话我回了没有?"

最后,你实在忍受不住了,干脆不去想令人心烦的事,而是回想和孩子在动物园一起度过的快乐时刻。你记得她对着猩猩大笑的样子,不久你的脑海里全是些美丽回忆,你很快进入了梦乡。

生活竞争中的真正成功者们,具有现实的自我情绪控制力,他们客观地寻求生活中的意义,珍惜每一分钟,把每一分钟看作是自己的最后时刻,从而经常地去寻求更为美好的东西,不会把一点宝贵的时间浪费在对付各种不良情绪上。他们具有赢得别人爱戴和尊重的品质,关键在于他们总是善于把自己塑造得坚强不屈,富有韧性。这就是他们具有良好的情绪控制力的结果。成功并不意味胜利了就把对手踩在脚下,而是战胜自己的消极,用积极的行动向前迈步,让自己拥有自信、进取的人生。

逆思维,换个角度看问题

在公交车上你被急急忙忙跑上车的乘客狠狠踩了一脚,你怒不可遏,刚想发作,对方说了一声"对不起",你也忽然想起上次因为孩子哭着闹着不上学,你有些气急败坏;上班差点要迟到了,公交车却迟迟不来,最后在等了十五分钟后,你急匆匆地蹿上一辆拥挤不堪的公交车,不小心踩了一位时髦姑娘的脚,被她狠狠骂了一顿……于是你想到,或许眼前这位乘客也是太急了,或许他也遇上了什么麻烦事……

如果能从另一个角度看人,说不定很多缺点恰恰是优点。一个固执的人,可以把他看成一个"信念坚定的人";一个吝啬的人,可以把他看成一个"节俭的人";一个城府深的人,可以把他看成一个"能深谋远虑的人";一个自大的人,可以把他看成一个"自信心强的人";一个喜欢发脾气的人,可以把他看成是一个"感情丰富"的人。

拥有好情绪,要试着换个角度看问题。如果你总觉得你对社会,对他人付出很多,而没有得到回报,你自然很难宽容别人。所以,要多想想过去生活中的事情。

安徒生有一则名为《老头子总是不会错》的童话故事:

乡村有一对清贫的老夫妇,有一天他们想把家中唯一值点钱的一匹马拉到市场上去换点更有用的东西。老头牵着马去赶集了,他先与人换得一头母牛,又用母牛去换了一只羊,再用羊换来一只肥鹅,又把鹅换了母鸡,然后用母鸡换了别人的一口袋烂苹果。

在每次交换中,他都想给老伴一个惊喜。

当他扛着大袋子来到一家小酒店歇息时,遇上两个英国人。闲聊中他谈了自己赶集的经过,两个英国人听后哈哈大笑,说他回去准得挨老婆子一顿揍。老头子坚称绝对不会,英国人就用一袋金币打赌，于是二人一起来到老头子家中。

老太婆见老头子回来了，非常高兴，她兴奋地听着老头子讲赶集的经过。每听老头子讲到用一种东西换了另一种东西时，她都充满了对老头的钦佩。

她嘴里不时地说着："哦，我们有牛奶了！"

"羊奶也同样好喝。"

"哦，鹅毛多漂亮！"

"哦，我们有鸡蛋吃了！"

最后听到老头子背回一袋已经开始腐烂的苹果时，她同样不愠不恼，大声说："我们今晚就可以吃到苹果馅饼了！"

结果，英国人输掉了一袋金币。

故事中的老妇真是一个宽容的人。她知道老头是为了想给自己惊喜，所以并不责怪他得到的东西一次比一次少，而是从积极的一面考虑，不考虑失去了什么，而只考虑得到了什么。所以老夫妇俩总是无忧无虑。况且，最后他们得到了英国人的一袋金币，这难道不是意外的收获吗？

淡泊，就是恬淡清心，不被名利、金钱、权势等困扰，能看清身外之物，不要总想着我付出了那么多，我将会得到多少这类的问题。

一个人身心疲惫，情绪波动，就是因为凡事斤斤计较，总是计算利益得失。

如果把握住一份平和的心态，把是是非非、纷纷扰扰看作人生必要的心理锻炼，那么，谁都无法摧毁你，哪里还有什么挫折、失败和种种负面情绪伤害到你呢？

敢于冒险，摆脱墨守成规

疏导情绪要突破一成不变的工作和生活方式，甚至思维。在长期安分守己的日子中，你或许已经十分清楚自己的优势和劣势，也对自己的未来充满希望，但你依然感到害怕，愿意在没有风险的日子里安安稳稳地过日子。也许认为那样确实能给你带来很多"好处"，这些"好处"是你固定这些行为的强大心理支撑力，例如：由于你一直墨守成规，生活单调，你就永远不必独立思考。既然你已经有一个不会出错的计划，那么遇事只要看看计划就行了，而不必动脑筋思考。你对未知没有把握，那么你只要固守熟悉的事物，就不必担惊受怕，尽管这样会大大有碍于你的个人发展与成就。

固守熟悉事物并以此自慰。但你依然不快乐，甚至觉得有点空虚和无助，还有厌倦。你可能羡慕别人的多彩生活，但自己不愿改变什么，结果情绪就一点一点变坏。知道吗？固守自我、回避未知的原因不是别的，正是疑虑未知，惧怕未知。

试着冒点风险，使你解脱日复一日的单调生活。如上班时不一定非得要乘坐同一种方式的交通工具、每天早餐不一定总是要吃同样的东西等。设想一种美妙的情景——你可以要什么就有什么。你可以充分发挥自己的想象力，如果想象自己拥有一大笔钱，足够在几年内怎么也花不完。这时，你也许会发现，你原来设想的计划几乎都是可以实现的。当然不是要你长出翅膀或摘星星这类的，而是希望获得一些简单的东西；如果你不再惧怕面对未知世界，你就可以让自己沉闷的情绪活跃起来。

你完全可以做一件可能使你生活发生剧变、将对你有极大好处的冒险事情，如婚姻、工作或学习上的重大选择等。每当你发现自己总是在回避未知事物时，问问自己："如果我真的接触了那些未知事物，最糟糕的结果会是什么样？"仔细一想，其实并没什么，你对未知的压力，往往大于探索未知而产生的实际后果。试着做一些看似愚蠢可笑的事情，或一些你觉得"不应该去做"的事情。当你真正做完之后，你会发现这样并没什么愚蠢可笑和不应该的地方。

害怕失败往往是害怕别人对你的否定或讥讽。如果"走自己的路"，你便能够用自己的标准而不是别人的标准评估你的行为。你衡量自己行为的标准，将不是你的能力是否高于或低于别人，而是你的能力不同于别人。

你有理由对自己做对了某件事而感到了不起。只要你以自己的成败为衡量标准，总可以把做成某件事看作自我价值的提高，并因此自鸣得意。不要把别人说"做成了某件事"这种评价太当回事。

努力选择并尝试一些新事物，即使你仍留恋着熟悉的事物也无妨。如尽力结识更多的新朋友，多多置身于一些新的环境，尝试一些新的工作，邀请一些观点不同、性格不一的人到家里来做客，多和你不大熟悉的客人交谈。这样你也开发了自己在与以往不同方面的潜力。

不要再费心去为你做的每一件事找借口。当别人问你为什么要这样做而不是那样做时，你并不一定要说出可信的理由，以使别人满意。实际上，你决定做任何事情的理由都很简单——因为你想这样做。

要拥有快乐的心情，一件非常重要事就是你能清除所有不必要的忧虑，把它忘得一干二净，使它不再搅乱你的心灵，然后大步往前走。你应该学习勇敢、去尊重自己的优点，因为展露真实的自我是产生快乐的泉源之一。你自己付出一些什么，同时也就使你更能发现你自己。突破自己，你就会更喜欢自己。

也许在冒险的路上会遭遇到不同的打击，但绝不能伤心沮丧，要深信一定能克服一切困难与挫折，冲破环境的黑暗，闯出一道光明的出路，会从挑战自己的过程中体会到无穷的人生乐趣。

活出真实，接纳不完美的自己

有本书中说道："与其做一个好人，不如做一个完整的人。做一个好人，只是活出一半真实的自己；而做一个完整的人，则是活出全部真实的自己。"

在日常生活中，常见到这样一种情况，有些人会因为某种瑕疵，而觉得痛苦异常。有人因为个子矮而自卑；有人因为眼睛小而心烦；有人因肥胖而发愁……这些人往往只看到缺陷，而没有发现瑕疵是完美的一部分。要求事事都尽善尽美，那是不可能的，不现实的。追求完美是我们进取向前的动力，但不能要求任何事情都完美无缺。

追求完美有时是一种好的现象，促使我们朝最好的方面发展，但是绝对完美的事物根本就不存在，因此，过于追求完美便会导致心理失衡及消极情绪的产生。

追求完美的人会在以下这些方面表现出他们的苛求态度。

1. 在对待社会的态度上

完美主义者相信社会应该绝对公平、合理，当遇到不公平的事、不合理的情况的时候，就开始对社会产生偏激的想法，用远离社会和孤独来逃避不完美的现实社会。

2. 在对待他人的态度上

完美主义者相信他人应该了解自己，理解自己，尊重自己，应该善良。他们的口头禅是"作为领导理应就是……""作为朋友应该是……""他不应该……"等等，当现实交往中对方并不是自己所想象的那么完美时，便产生常见的抑郁或敌对情绪，影响人际关系和自身情绪。这种思维方式的长期存在会导致人格上偏离正常人。生活中有些人抑郁，整天不能与他人相处，终日抱怨他人，对他人存有敌意等，他们很可能是被过分完美主义思想的存在影响着。

3. 在对待工作、学习的态度上

完美主义者相信既然是工作、学习，就应该工作好、学习好，而不顾及其他的因素。

4. 在对待婚姻的态度上

完美主义者在恋爱过程中常由于对对方条件的过分苛求，或对对方弱点采取拒不接受的态度而影响恋爱的成功。结婚以后本来就属正常的婚姻，每当夫妻产生一些摩擦时，就容易对婚姻产生绝望情绪。

5. 关于成就或能力

"我是大学毕业生，应该比他们各方面都强一点"；"作为领导不能显得比一般人能力低、业务水平差"；"像我这种人交际能力应该行"……这种人总是将自己与小王的口才、小张的绘画、小李的书法、小万的人缘、小马的聪明等合成的"完美人"相比。

6. 关于角色

"我是学生就应该学习特别好"；"我是领导就必须能解决所有的问题"；"作为妻子就应该是贤妻良母"；"作为医生就必须对病人的生死负责"……这种人用社会角色本身的期望及所有的角色期望来要求自己，并过分地将自己塑造成一个社会认可的标准角色。当自己没有达到这种过分完美的角色或出现角色引起的失误时，根本不考虑其他诸多因素，而开始内疚、自责甚至抑郁。

7. 关于性格

"我不应该不说话"；"我是男人，就应该成为坚强的男子汉"；"我不应该自卑"；"我应该心眼宽一点"；"我想我见人不应如此紧张"……这些人不相信，也不去考虑目前的性格是长期形成的，对于目前来说是相当正常合理的，要改变这一个过程，需要很长时间，即使改变了，也没有绝对完美的性格。

8.关于品德

"我必须对他负责,尽管他是一个混蛋""我不应该对我的朋友有虚伪的表示""我是有妇之夫,不应该对那个漂亮的女同事有什么不正常的想法"……这种完美主义的品德表现是一种过分的道德观,他们甚至对自己本能的、生理的一些念头产生恐惧,继而开始自我谴责。

其实人是有理智的,有些强迫症或恐惧症患者,他们的大脑只能想好的东西,不能有"坏的"思想,认为想什么"坏"的念头就是"不正经的人"。

个人、人类、社会应该去追求完美。达到完美状态是我们每个人都希望的,但这种希望不能太过分,太强烈、太超于其他相关的能力、素质等因素。

世界上没有十全十美的事物,每个人要保持良好的情绪,就不要刻意去追求完美主义,否则只能是自己给自己增加无谓的烦恼。

坚持一下,提高心理承受力

前几年有一个报道,说某工厂一名职工因工作懈怠,遭到辞退,他就用一铁器猛击厂长的头部,造成厂长重伤,事后还振振有词地说,"他砸我的饭碗,我砸他的脑袋。"这种人是不是心胸太狭隘了?他不敢与逆境抗争,无力在压力下崛起,只有通过毁灭他人，也毁灭自己的方式来做野蛮的宣泄。他的心理承受能力太差了，差得经不起一个小小的打击，冒不得半点小小的风险。

机遇与风险是同在的。在坏的际遇下，有人奋起，有人悲观失望，这就是因为他们看待挫折的角度不同。希望每次行动都是以圆满成功为结局，是天真幼稚的。塞翁失马，焉知非福？换言之，有时我们会失败，起码在失败中也有收获。具备较高心理承受能力的表现，就是在这一问题上有清醒的、深刻的认识。做某事时，要考虑到最惨重的失败将是什么样的后果，然后，再冷静地思考一下，假如出现这最悲惨的结果，你能否承受得起。如果你觉得不能承受，则趁早放弃这打算；如果你觉得承受得起，你就可以干下去。当然最悲惨的结局不一定就会发生，但即使是发生了，你也因早有思想准备而不会出现精神崩溃。

的确，危机会扼杀人们的意志，但是，危机同样也能激励人们增强战胜它的勇气。只要在厄运来临时，不低下头做命运的奴隶，激励自我情绪，就一定能最终实现自己的理想。

莎利·拉斐尔很早就立志于播音事业。但因为当时美国的许多无线电台都觉得女性不适合做播音主持，也不能吸引听众，因此没人雇佣她。

后来，她在纽约的一家电台找到工作，但不久就被辞退了，说她赶不上时代，结果她又失业了一年多。

一天，她向一家国家广播公司职员谈起她的清谈节目构想。"我相信公司会有兴趣。"那人说，但此人不久就离开了国家广播公司。后来，她碰到该电台的另一位职员，再度提出她的构想。此人也夸奖这是个好主意，但是不久此人也失去踪影。最后她说服第三位职员雇佣她，这个人虽然答应了，但提出要她在政治台主持节目。

"我对政治所知不多，恐怕难以成功。"她对丈夫说，丈夫热情鼓励她尝试一下。第二年夏天她的节目终于开播。由于对广播早已驾轻就熟了，她便利用这一长处和平易近人的风格，大谈她对 AI 人工智能的看法，又请听众打电话谈他们的感受。

听众立刻对这个节目发生兴趣，使她主持的节目一时之间成为最受欢迎的一档节目。她通过自己的勤奋，战胜了多次的挫折带给她的压力而一举成名。

如今，莎莉·拉斐尔已成为自办电视节目著名主持人，曾经两度获奖。在美国、加拿大和英国，每天都有几百万观众收看她的节目。

"我遭人辞退 18 次，本来大有可能被这些遭遇所吓退，做不成我想做的事情；结果相反，我让它们鞭策我勇往直前。"拉斐尔动情地说。

有人可能会遭受一连串的失败，而这时所产生的心理危机很有可能挫败一个人的心志，使其在挫折面前不知所措，乃至消极对待。这样的话，就很危险了，要知道人一旦失去了奋斗的勇气，就会变得颓废，脆弱，就会情绪低落，使身心受到极大的伤害。如果你没有坚强的意志和必胜的信念，没有强大的心理承受力，那么中途放弃了、败下阵了，成功又何从谈起？

在恶劣的情绪下做艰苦的自我拯救是一个成功者必须具备的能力。它要求人们鼓起勇气，不气馁，不在中途自暴自弃。过程的曲折并不代表失败，拿破仑说过："胜利在最后五分钟。"只要你继续不断地努力，用百折不回的精神和执着的信念朝着目标迈进，终将有拨云见日的那一天。

既往不恋，未来不迎

心情一直快乐不起来，为什么？是不是因为你的记性太好，总是记得那些恼人的事呢？对于如何对付人生遇到的各种不幸，心理专家提出的忠告就是，把苦恼、不幸、痛苦等认为是人生不可避免的一部分，当你遇到不幸时，你得抬起头来，严肃对待，并且说："这没有什么了不起，它不可能打败我。"然后，你要不断向自己重复使人愉快高兴的话："这一切都会过去。"

曾国藩有句名言："既往不恋，当下不杂，未来不迎。"有的人在不良情绪产生后，总是郁积于心，耿耿于怀，放不开、丢不下。结果，只能使这种不良情绪不断蔓延，日益加重。因此，当某种事情引起你不愉快的情绪时，最好能把这件事尽快地遗忘掉，不要老去想这些事。例如，工作上出了错，亲人受到了伤害，朋友变了心，遭到了失恋的痛苦等。你为这些事情悲伤、难过、叹息，已经无助于问题的解决，反而会增加思想上的负担，使你的身心受到压抑。应当明智一点，现实一点，事情既已发生，而且无可挽回，就应当果断地丢开它、忘却它，既然不能尽快忘记，那么干脆先搁置起来再说。如果某个场所老是引起你不愉快的回想，你就应当设法避开。如果眼前存在一件可以唤起悲伤记忆的物件，不妨把这种"纪念品"收藏起来，如此等等。这样，就能使自己的思想彻底地离开那些不愉快的事情，以求得对它的淡漠和遗忘，从而摆脱不良情绪对自己的侵扰，避免由此所造成的身心损伤。

心理医生王良非常清楚地记得中学英语老师的教导："对往事耿耿于怀是徒劳无益的。"

一天，同学们进入教室，发现老师桌子上有一只装有牛奶的瓶子竖立在一只很重的石罐之中。老师宣布上课："今天上午我要给你们上一堂课，这堂课与学习英语毫无关系，可是，对于人生却有着重要的启示意义。"老师拿起牛奶瓶，朝石罐里猛摔进去。她说："这堂课就是覆水难收，徒悔无益。"然后，她让我们看了被摔碎的瓶子碎片。她说："你们可以永远对这牛奶感到可惜，可是这种惋惜也无法使瓶子再恢复原形了。因此，在你们生活中发生了无可挽回的事时，记住这只摔碎了的牛奶瓶！"

他时常想起那只摔碎了的牛奶瓶，它使他遇事头脑冷静、沉着。很多时候我们在精神上自己折磨自己，我们的身体也受到了打击，明知事情已经发生，而且无法挽救，却偏要去挽救；明知机会已经失去，却偏要感到极度的痛苦，这样做，不仅可笑，而且毫无用处。

当然，能对自己的情绪产生强烈刺激的事情，通常都与自己的切身利益有很大的关系，要很快将它遗忘常常是很困难的。所以，单靠消极的躲避并不可行，更有效的办法是进行积极的转移，即设法使自己的思绪转移到更有意义的方面去。例如，亲人亡故，爱人离弃时，忧思已无用，不如干脆把旧事抛开，然后尽力找一些可以转换心情的事情去做，最好是醉心于工作和事业，以工作的成绩和事业的进步来冲淡感情上的痛苦。也可以到知心朋友家中叙叙家常，谈谈学问，或者帮助别人做点事情，或者外出游玩，或者找一些有教益的书籍阅读。总之，要使自己的心思有所寄托，不要使自己处于精神空虚、心理空旷的状态，一旦这样，各种不良情绪就可以轻易打倒你。

在不愉快的情绪产生时越是能很快将精力转移它处的人，不良情绪在他身上存留的时间就越短。这不仅能从大量生活实例中得到证明，而且也是有充分的科学依据的。根据现代生理学的研究，情绪的形成是属于神经系统的一种暂时性联系。不良情绪的产生过程是这样的：当你遇到不满、生气、恼怒或伤心的事情时，感官在这些事情的刺激下，会产生不愉快的信息并将其传入大脑，刺激大脑产生与之相应的不愉快的情绪。随着同类信息的输入越来越多，这类信息就逐渐形成，在你的精神活动中形成一种优势中心，这样，不良情绪便形成了。如果一个人老是去想这些不愉快的事情，那么，不愉快的信息还会不断传入大脑，同类信息的优势中心越来越巩固，不良情绪就会日益加重。

如果在发现自己受到不愉快信息的刺激时，马上转移心理活动的方向，去想一些使你感到高兴的事，不断向大脑输送愉快的信息，争取建立愉快信息的优势中心，这样就能有效地抵御不愉快的信息输入，从而避免不良情绪优势中心的形成。而且，随着你对美好事物的憧憬，或者你对某一件工作的潜心思考，你的整个注意力都会被吸引到这些地方去，不愉快的事情所引起的不良情绪，就会在不知不觉中烟消云散。

昨天已经过去，明天尚未到来，只有今天才真正属于自己！一个懂得珍惜当下，珍惜平常，珍惜今天已拥有的人，才是一个幸福的人。

提升信心，摆脱恐惧

恐惧是一种普遍存在的消极心理，它到处压迫着人们，只要是凡人，谁能无惧？最伟大、最勇敢的英雄也会诚实地告诉你，当他们在做那些英勇事迹时，他们的心里其实和你我一样害怕，区别只在于他们能克服恐惧，拒绝投降的召唤。

当你面对恐惧，勇往直前，害怕自然缩小不见，但是你逃避的话，它会不断增长，直到完全控制你的生活。

恐惧能摧残人的创造精神，足以杀灭个性而使人的精神机能趋于衰弱。大事业不是在恐惧的心情下可做成的，一旦心怀恐惧的心理、不祥的预感，做什么事都不可能有效率。恐惧代表着、指示着人的自卑与胆怯。

对于恐惧，爱默生说得好："他们征服那些认为他们有足够力量征服的人。"

怠惰造成疑惑和恐惧，行动则产生信心和勇气。若想要克服恐惧，就不要坐在家里空想，出门去使自己忙碌起来吧！

如果你以积极心态发挥你的思想，并且相信成功是你的权利的话，你的信心就会使你成就你所制定的明确目标。但是如果你接受了消极心态，并且满脑子想的都是恐惧和挫折的话，那么你所得到的也都只是恐惧和失败而已。

恐惧多半是心理作用，但是它确实存在，并且是发挥潜能的头号敌人。行动可以治愈恐惧、犹豫，拖延则只会助长恐惧。

当你感到恐惧的时候，朋友们常会善意地对你说："不要担心，那只是你的幻想，没有什么可怕的。"这种安慰可能会暂时解除你的恐惧，但并不能真正地帮你建立信心，消除恐惧。

恐惧是信心的敌人。恐惧会阻止人利用机会；恐惧会耗损精力、破坏身体器官的功能，抑制潜能；恐惧使人游移不定、缺乏信心；恐惧确实是一股强大的力量，它会用各种方式阻止人们从生命中获得他们想要的事物。

生命犹如无限丰富而又深不可测的大海，你生活在这大海之中，你的潜意识对你的想法极为敏感。如果你能够应用你心智的定律，以平和代替痛苦，以信心代替畏惧，以成功代替失败，当然就再没有任何比这更美好的结果了。

千万不要让恐惧占据心灵！没错！人的心态非常微妙，要是时常保持乐观，就会无时无刻觉得无论做什么事都很顺当；反之，要是总以悲观的心境看待所有的事，任你怎么做总有碍手碍脚的感觉。心境果真有催人老的作用。

然而，心情总有起伏的时候，不可能永远都维持在高潮期；而且，适度的低潮心情有时也能调和乐观过度的缺点。因此，重要的不是如何避免低潮的发生，而是该怎么调适它作用的程度。

恐惧多半是心理作用。烦恼、紧张、困窘、恐慌都是起因于消极的想象。但是仅知恐惧的病因并不能根除恐惧。正如医生发现你身体的某部位受感染，不会就此了之，而是进一步去治疗。有效的治疗必须对症下药。

首先，你要有一个这样的认识：信心完全是训练出来的，不是天生就有的。你所认识的那些能克服忧虑、无论何时何地都泰然自若、充满信心的人，全都是磨炼出来的。

有这样一个人，天生就十分胆小。他的生活沉浸在疾病的恐惧中。他时常由于预期到某种在实际上决不会发生的疾病而烦恼痛苦：假使受了些凉，他准以为是要犯伤寒重症了；假使他喉头有些痛，他一定以为那是要犯扁桃腺炎；假使他心头有些悸动，他就要惶惶然以为患上了严重的心脏病。

世界上有很多的人，都是过着像这个人一样恐惧不断的生活，由此无可避免地陷入了自卑中。当不祥的预感、忧虑的思想在你的心中发作时，你不应当纵容它们发展。你应当转换你的思想，想到种种与它们相反的方面上去。假使你担心现在的事业会失败，则你不应当想到你自己是怎样软弱无能、怎样不堪重任、怎样准会失败，你应当尽量想着你自己怎样强、怎样有本领、怎样利用过去的经验应付现在的问题、怎样预期得到成功的胜利！

伟大的歌剧男高音卡罗素，有一次对舞台产生了严重的恐惧感。由于强烈的恐惧，他的喉咙的肌肉紧缩，因而发不出声音来。

由于只有几分钟的时间就要登台了，他汗流满面，极为羞愧，甚至还因为恐惧和惊惶，而全身颤抖。

他说："我不能唱了，他们会讥笑我。"于是他不断地对自己说："我要唱歌了！我要唱歌了！"

他的潜意识开始产生反应，发挥出他内在的巨大能力。到该他登台的时候，他走上了舞台，唱出悦耳而和谐的歌声，迷住了所有的听众。

很多事情，现在觉得害怕，一旦真正面对它，并驾驭它以后，它很可能变成你所喜欢的。在开始学溜冰的时候，你可能一看到冰鞋就全身发软。可是一旦你克服恐惧，学会溜冰以后，你会后悔为什么不早点学会溜冰。

有时候，必须假装自己能表现得无所畏惧的样子。美国前总统罗斯福曾说道："很多事我起初都很害怕，可是我假装不害怕去做，慢慢地，我真的不害怕了。"

你也可以用这种克服恐惧的妙方。只要你表现得好像勇气十足，你便会开始勇敢起来；若这样持续得够久，佯装就变成了真实，在不知不觉中，成为真正不惧的勇者。

感觉勇敢起来，表现得好像很勇敢，以意志力来达到这个目标，勇气便可以取代恐惧。

恐惧能摧残一个人的意志和生命。它能影响人的胃、伤害人的修养、减少人的生理与精神的活力，进而破坏人的身体健康。它能打破人的希望、消退人的志气，而使人的心力"衰弱"至不能创造或从事任何事业。

在规律的生活中，心情的起起落落也有一定的规则可循，请你稍稍留意心情低落时的点，找出最低潮的那一点，好好地自怜一番。不过，要记住一个规则：一个星期只能有一次，而且，一次只能有 15 分钟。只要能把握住这个原则，那么，当你碰到让你很紧张的事情，潜意识里就会提醒自己："这时千万不能害怕，过些时候就会好了。"如此一来，就再也不会为心理的恐惧而烦恼了。

☑ 情绪控制：智商重要，情商更重要

一名儿童保健专家介绍说，曾有一位十多岁的男孩在妈妈的陪同下来医院咨询。这名男孩非常内向，在医生询问情况时总是低着头不说话。

从孩子的妈妈那里了解到，孩子小时候还是挺活泼的，嘴也非常甜。为了提高孩子的智力，父母从小给他购买各类益智玩具，此外还帮他报名书法班、围棋班等。但令人百思不得其解的是，孩子的性格越来越内向，话越来越少，做什么事情都显得没有信心。

经过医生的询问了解，原来孩子的父母非常重视对男孩的"智商"培养，但在平时却并不注重和孩子的交流和沟通，对他性格的变化也不甚关注，医生得出的结论是：孩子的"情商"比较低。

美国哈佛大学教授丹尼尔·戈尔曼出版了《情商》一书，系统而全面地将情绪智商方面的内容介绍给了大众，一时风靡全球。与此同时，"情商"这一概念也在世界范围内迅速蔓延，广受关注。在这本书中，戈尔曼教授提到了一些情绪方面的问题，如人们普遍感到孤单、忧郁、任性、焦虑、冲动等——这引起了

大众的强烈共鸣。

那么，究竟是什么原因导致了这种生活状态呢？人们虽然找到了诸多原因，但最根本的，还是要属情商。

情商的高低对一个人的身心发展有着重大影响。对其能否取得成功同样有着不可估量的作用，有时其作用甚至要超过智力水平。

戈尔曼教授认为，情感智力方面的主要技能包括以下几项内容。

1. 自我意识

拥有它，你就能理解自己的情感，并在它们发生时，认识到这一点。你的情绪反应把你引导进不同的情景中，当你充分认识到自己的局限性时，就能最大限度地发挥出自己的能量。

2. 自信

自信建立在对自己的局限性的现实认知的基础上。自信的人知道，什么时候应该信任自己的决定，以及什么时候应该顺从他人的意见和观点。为了发挥出自己的最大能量，自信的人敢于持续地去面对新的挑战，因为这些挑战可以不断拓展个人的潜力。

3. 自我调节

这种能力能够促使你始终把注意的焦点集中在自己的目标上，在目标完全实现以前，不会因进步过于细微而裹足不前；它还能使你迅速地从挫折中恢复过来，重新看清自己的终极目标。为了更好地实现目标，必须排除破坏性情绪的回应。你将通过持续地与自己最重要的需求保持联系，而不断地激励自己。

4. 激励

这种能力能够促使你去关注他人的需要、偏好、价值观、目标和个人实力，并以此激励他们。

5. 移情作用

具有移情作用，你就能与他人的需要、价值观、希望及观点相契合，你可以通过积极地把自己置身于对方的位置上而感知对方的感情和思维。

6. 社交敏感性

快速而又良好地解读当下的情景，无论是口语的还是非口语的，它能够让你了解和适应与你有良好人际关系的人的意图。你在团体交往活动中的敏感性，使你能够确认团体中谁是最有实力的人，并与他人的文化类型保持一致。

7. 说服力

拥有良好情感智力的人擅长于解读他人的意图和希望，并创造出双方都满意的结果。他们具有不断开发双赢思维的习惯，努力寻求使个人目标与他人目标保持协调的途径。

8. 冲突管理

具有这种能力，你就能够在冲突发生以前预防它，并把注意的焦点转移到更富有成效的行动过程上。如果冲突不断升级，你可以通过聚焦冲突双方的意图来解决它，因为冲突双方都是出于关心自己最大利益的意图。

戈尔曼教授的研究表明，仅看智商，基本不能说明人们在工作中能否有所成就或生活是否幸福。如果说智商高低与人们事业成功与否有多大联系的话，智商高低所起的作用，最高估计也不过 25%。有一份较谨慎的分析报告认为，更准确的数字是不超过 10%，大概为 4%。

但是，在强调认知能力的学科中，也会有情感智商影响并不大的现象。出现这种矛盾，是因为这些学科的入门要求极高。进入专业技术领域工作的智商门槛通常为 110~120，跨过了高智商这个拦路虎，进去的每个人都是佼佼者，在承担相对独立的专业技术工作中，情商也就无竞争可言了。

每个人都希望自己能获取成功，每个家长都希望自己的孩子获取成功，每个老师都希望自己的学生成功，每个领导都希望自己的部下成功。成功的路有千万条，成功的方法有千万个，但是看我们周围，真正成功的又有几个呢？

尤其是身处当今社会，如果不能及时地管理好自己的情绪，调整好与他人和社会的关系，最终败在自己手里的人绝不在少数。

第七章

世界如此浮躁，你要内心平静

内心平静,是一种大智慧。一个人心越静,福气越深。清者自清,浊者自浊。一个静心的人,能独善其身,跃然物外。不为物喜,不为己悲。因为他们懂得:心若简单,生活就简单;心若复杂,生活就充满痛苦。

> 情绪需要放松,
> 让它们自然而然地离开。
>
> ——詹姆斯·艾伦

大胆地晒出你的心情账单

你的心情账单是怎样的?心情账单里,对每一块钱并不是一视同仁的,而是视不同来处去往采取不同的态度。

"心情账单"是一种有趣的心理现象,对人的行为有直接的影响。

如果今天晚上你打算去听一场音乐会,票价是100元,在马上要出发的时候,你发现把最近买的价值100元的电话卡弄丢了。你是否还会去听这场音乐会呢?大部分人仍然会去听。可是如果情况改变一下,假设你昨天花了100元钱买了一张今天晚上的音乐会门票,在你马上要出发的时候,突然发现门票丢了。如果你想听音乐会,就必须再花100元钱买张门票,你是否还会去听呢?结果是大部分人回答说不去了。

仔细一想,这两种结果损失的钱是一样的。不管丢的是电话卡还是音乐会门票，总之是丢失了价值100元的东西。从损失的金钱上看，并没有区别。之所以出现上面两种不同的结果，其原因就是大多数人心情账单的问题。

对于抑郁的人来说，他们的心情账单是出现了较大亏损的。他们不是在不断地透支积极、正面、平和，就是不断在索取焦虑、抱怨、痛苦、担忧，这样的亏损使得他们总是对一件事情纠缠不休，不能很快地原谅自己、原谅别人。即使是一种客观原因，他们也总是难以释怀，并据此不断地胡思乱想，难以很快摆脱事情带来的负面影响。

一个出身名校的外企白领，有房有车，但承受的压力是巨大的。她每天都忙得团团转，更重要的是她根本体会不到快乐，她感觉自己的生活都被压力、责任、忙碌、业绩、客户、出差等充斥着。

这样的生活让她感到了透彻心底的疲惫，慢慢地，她会莫名其妙地沮丧、孤独、脆弱、厌食、浑身无力、失眠，全身不适甚至皮肤干燥，头像沉重的石头压迫着空空的脑袋，无法集中精神做任何想做或必须做的哪怕原来很感兴趣的事。

躺着是她唯一能做的，无论睁眼还是闭眼。这对常人来说是惬意的休息方式，对她来说却毫无意义。

"坚持"是她对自己和别人说得最多的字眼，因为只有这一个信念才能让她活下来。在以后的生活里，她一直在忍受痛苦和放弃生命的矛盾中挣扎着，曾经的梦想如夏花一般短暂绽放又泯灭。

让心理长时间处于失衡状态的结果，就是整个人的心态都走向了负面，完全看不到正面、积极的东西。

如果将心情账单延伸开来就会发现，每个人的心情账单并不仅仅是管钱的，还管理着伤心、痛苦、高兴等不同的情绪。我们假设两次伤害的程度是一样的，那么对一般人来说，如果这个伤害是别人造成的，那他的心里会非常委屈，甚至是异常愤怒；如果这个伤害是自己的原因造成的，那程度就要轻很多。因为相对于原谅别人来说，人总是善于原谅自己。

抑制怒火，缓冲怒气

一个不会愤怒的人是麻木的人，一个只会愤怒的人是蠢人，一个能够控制自己情绪、做到尽量不发怒的人是聪明人。聪明人的聪明之处是善于运用理智，将情绪引入正确的表现渠道，使自己按理智的原则控制情绪，用理智驾驭情感。以平和的态度来摆事实、讲道理，要比大喊大叫更能让对方心服口服；而宽恕和谅解有时比伤害、侮辱更能震撼人心。只要我们肯下功夫学会制怒的正确方法，他人肯定会对我们的道德、修养以及理智、大度发自内心地佩服。那时，我们自会达到"风平而后浪静，浪静而后水清，水清而后游鱼可数"的全新境界。

心若改变，你的态度跟着改变；态度改变，你的习惯跟着改变；习惯改变，你的性格跟着改变；性格改变，你的人生跟着改变。在顺境中感恩，在逆境中依旧心存喜乐，远离愤怒，认真、快乐地生活。

暴怒能击溃人体的生物化学保护机制，使人抵抗力下降，而为疾病所侵袭。怒气犹如人体中的一枚定时炸弹,随时都可酿成大祸。

"怒从心中起,恶向胆边生",就是这个道理。

其实,愤怒作为一种情绪存在,它本身不是什么问题,但如何表达愤怒则易出问题。有效地表达愤怒会提高我们的自尊感,使我们在自己的生存受到威胁的时候能勇敢地战斗。

对大多数人来说,适当有效地表达愤怒是很困难的。一般来说,我们要么肆无忌惮、漫无目的地发泄愤怒,要么是把愤怒埋在心底,任它发霉腐烂。暴雨倾盆的愤怒会对别人和自己造成伤害,把我们带离自己原来的目标;而把愤怒强行压制下去也是行不通的,因为压抑的愤怒不会消失,它会以头痛、抑郁、无缘无故的妒忌等形式表现出来。

愤怒的人会变得毫无宽恕能力,甚至不可理喻,思想上总是围绕着报复打转,根本不计任何后果。这样不但破坏了人际关系,也毁坏了自己。

因此当怒气燃烧起来的时候,想办法缓冲一下,让怒火燃烧得不那么强烈是很有必要的。

缓冲怒气的常见方法有:

1. 转移法缓冲

发怒者可将注意力转移到其他事情上,以免负面的思维继续恶化。多数转移注意力的活动都有助于平息怒火,诸如看电视、电影、阅读等,但疯狂采购或大吃大喝则没什么效果,因为你在逛街或暴饮暴食时可能仍在思索引发愤怒的事件。

2. 自己创造思考

压抑怒火是给自己创造思考的时间。但火山是不能压抑的,必须疏导、让能量慢慢有节制地释放。

要求自己首先要有一定的时间思考。但思考一定要多方面、多角度，并要求角色互换。如果在冷却期间不断思索引发愤怒的事件，往往达不到冷却的效果。

3. 独处、暂避、宣泄

独处：独处有时候也能够让怒气冷却，至少怒火不会烧到别人。

暂避：走入一个怒火不会再被激起的区域，好好冷静一下。

宣泄：沙袋拳击、冲浪、破坏一些无关紧要的东西往往能够有效释放能量。深呼吸、放松肌肉、温水浴、凉水冲头等松懈、降温的方式也很有帮助。

愤怒是人的最大冲动。寻找缓冲剂缓和冲动，或使两个愤怒争吵的人先分开一下，有利于浇灭愤怒之火。

事实上，如果能在发火之前投入缓和及冷却的因素，是可以完全浇灭怒火的。

别为过去的昨天而流泪

人生由三天组成，昨天、今天和明天。如果你在忙碌的今天为了昨天的失败或不幸而哭泣，那么你的今天就只剩下了泪水。试问，你的明天又将何去何从？

对于很多人来说，对于过去都无法释然。站在时间的长河中，如果不把注意力放在美好的今天和明天，而总是沉浸于往事中，是极不明智的做法。昨天依然和我们有关，但是希望是不可能从昨天产生的，生活的奇迹永远是今天的主题。每一天的太阳都是新的，不要对昨天念念不忘，昨天无论是辉煌还是黑暗，都已经成为历史。作为已经翻过去的一页，我们何必要花费精力去自责、去悔恨呢？把握好今天，为了明天而准备，而不是为了昨天而哭泣。

人生在世，不可能永远风平浪静。在现实的大海中航行，如果因为昨天的风暴而放弃今天的航线，恐怕那些人生的新大陆永远也不会被发现。成功人士亦是如此，翻阅那些伟人的传奇史，几乎每一个人的成长阶段都有一些伤口。所以不要轻易地放弃，不要让自己陷入过去的沼泽。或许昨日诚可贵，但是今日价更高。

一天，一位得道高僧在休息前吩咐他的小弟子夫给佛祖点上香火。这个粗手粗脚的小和尚不小心把香炉打翻了，香灰撒了一地，刚刚插好的香火也断了，差点儿燃着了整个佛堂。小和尚知道自己闯了大祸，偷偷地躲了起来。第二天，高僧找不到小和尚，便亲自来到佛堂探究原因。得知了事情真相后，他稍微有些生气，但是很快就平息了下来。他派人去把躲藏起来的小和尚找来。

第二天，小和尚因为害怕，哭了一夜，眼睛肿肿的，心想这次肯定会被重罚。高僧看了一眼小和尚："你耽误了今天的晨课，知道吗？"

小和尚抬起头，很不解地望向高僧，然后低头主动认错："师傅，我错了。我昨晚打翻了香炉，你不生气吗？为何今日不责罚我，反而仅仅怪我耽误了早课呢？"

第三天，高僧语重心长地说："对昨天你犯的错误，我是很生气，可是事情已经过去了，再来追究谁的责任已无益处。昨天香灰已撒、香火已断，是无法挽回的事情了，唯一可以做的便是今天马上换上新的香灰，重新点上香火，再把今日的晨课补回来。如果因为昨天的失误把今天的光阴也赔进去，那才是不可饶恕的。你明白了吗？"

小和尚恍然大悟。

或许每一个人都曾经扮演过这个小和尚的角色。我们为了昨天的失误而哭泣，甚至放弃了今日应该做的主题，明日再为今日的放弃而哭泣，日日相仿，人生就这样丢失了它的意义。当昨天的事情我们已经无力改变，那么就应该勇敢地去面对它，把握好今天，才是最有价值的行为。

在通往成功的道路上，或许荆棘丛生，或许障碍重重，可是所有的这一切都是可以战胜的，关键是你是否具备了战胜它们的决心。

昨天的荆棘丛林已经走过，即使伤痕累累，也不能代表我们无法跨越这条路。勇敢地走下去，伤在昨天，勇于今天，那么成功就在明天。

人的一生要经历无数的风雨，无数的磕磕绊绊。看看我们小时候是如何学会走路的：我们一边学走，一边摔倒，我们没有因为摔倒了就长哭不起，就拒绝走路。相反，儿时的勇气是巨大的，无论摔得多么疼，哭完以后还是要走的，甚至第二天就把昨天摔跤的事情忘记了，或许这就是人坚强的本性。长大之后，这种本性是依然存在的，我们不能让软弱把它掩埋，要如同一个幼儿学走路那般勇敢。

每天给自己一个新的希望

希望到底是什么？希望是激发生命激情的催化剂，是引爆生活潜能的导火索。

有位医生素以医术高明享誉医学界，事业蒸蒸日上。不幸的是，就在某一天，他被诊断患有癌症。这对他来说不啻当头一棒。他一度情绪低落，但最终还是接受了这个事实，而且他的心态也变得更宽容、更谦和，更懂得珍惜所拥有的一切。在勤奋工作之余，他从没有放弃与病魔搏斗。就这样，他平安地度过了好几个年头。有人惊讶于他的事迹，问他是什么神奇的力量在支撑着他。这位医生笑盈盈地答道：是希望。几乎每天早晨，我都给自己一个新的希望，希望我能多救治一个病人，希望我的笑容能温暖每个人。

这位医生不但医术高明，做人也达到了很高的境界。

生命是有限的，而希望是无限的。只要我们活着，就不要忘记每天给自己一个希望，给自己一个目标，也可以说给自己一点信心。这样，我们的生活就充满了生机和活力。只要每天都给自己一个希望，我们的生命便不会浪费在一些无谓的叹息和悲哀中。

在这个世界上，有许多事情是难以预料的。当心中充满坚毅、勇气和信心时，那些束缚限制提升自我的因素将不复存在。

生存状态并不能决定这一生的命运，真正决定命运的是：是否对自己有信心，是否对未来的生活充满希望。用乐观积极的态度面对自己的生存状态时，便开启了生命的原始动力。

每个人来到这个世界都是被动的，我们无从选择自己的肤色，就如同我们无法选择遗传基因中的聪明与愚笨一样，但我们可以选择对人生的态度。

在美国纽约，有一个黑肤色的小孩，望着小贩卖的气球，心中觉得很纳闷，于是他走过去问小贩："叔叔，为什么黑色气球跟其他颜色的气球一样也会升空呢？"

小贩不懂他的意思，反问说："嘿，小朋友，你为什么要问这个问题？"

小孩回答说："因为在我的印象里，黑人象征着穷、脏、乱和无知。我看到白种人、黄种人甚至印第安人都飞黄腾达、成功致富，过着令人羡慕的生活，可是我很少看到一位黑人出人头地。所以当我看到红色气球、黄色气球、白色气球升空，我会相信，可是我从来不相信黑色气球也会升空。我刚才真的看到了，它能升空，所以我想来问问你。"

小贩理解了他的意思，告诉他："小朋友，气球能不能升空问题并不在于它的颜色，而是气球里面是不是充满了氢气。只要充满了氢气，不管什么颜色的气球都能升空。同样，人也是一样，一个人能不能成功跟他的肤色、性别、种族都没有关系，要看他是不是有勇气和智慧。"

正如这位小贩所说，有一天当我们心里充满了自爱、坚强、勇气、毅力这些重要的乐观因素时，那些束缚我们飞升的限制将不复存在。当我们心里充满了悲哀、自卑、自贬、愤世等悲观因素时，那些束缚就会成为真的束缚，我们不但升不起来，还会不断沉沦。

生活中我们不必总是乞求万事如意、好运连连。要知道，生活就如同善变的天气一样，你无法预知会发生什么，随时都会狂风大作、暴雨不断。生活中无论什么击倒了你，你必须能重新整理自己，像一个坚强的勇者，跌倒了再爬起来，去迎接新的挑战。

冷静、冷静、再冷静

在手机的备忘录里，一定要写下这七个字：冷静，冷静，再冷静！

在任何情形下，都要保持一个冷静的头脑，即使一时束手无策，也要保持镇定从容。

遇到变故便手足无措的人必定是头脑简单之人，一旦遇到重大的困难，这种人便要推卸重任。只有遇到意外情况仍然镇定从容的人，才能担当大事。

在失败和危急关头，保持冷静的头脑尤为重要。成大事者都会临危不乱、沉着冷静，理智地应对危局。

足球场上，两队经过 90 分钟酣战，又度过了随时可能遭遇"突然死亡"的 30 分钟加时赛，紧张刺激的时刻终于到了——点球决胜！

输赢在此一举。此时对于被指派上场的球员而言，什么是最重要的？信心？力量？技术？不！是冷静！此时唯有冷静的一方能助他完成这最后的一击，方能助整个球队走向辉煌的胜利。

冷静沉着是力挽危局的法宝，这种品质总能产生战无不胜的力量。古语有云：两军交战，勇者胜。其实，两军交战，更多的时候是能沉住气的那一方取得胜利的可能性最大。

历史上的法奥马伦哥战役是拿破仑执政后指挥的第一个重要战役。

这次战役的胜利，对于巩固法国脆弱的资产阶级政权，对于加强拿破仑的统治地位都有着重要的意义。

在这场战役中，拿破仑把他的沉着冷静与临危不乱的品质发挥到了极致，并最终取得了战役的胜利。

他有效地制造和利用了敌人在判断上的错误，真正做到了出敌不意、出奇制胜。从亚平宁山进入北意大利是法国人在历史上入侵意大利经常走的一条老路。而拿破仑一反常规，偏偏避开了他在第一次意大利战争中也曾走过的那条路线，选择了一条历史上很少有人走过、在一般人眼里根本无法通行的道路。结果，完全出乎奥军意料之外，达成了战略上的突然性，收到了战略奇袭的效果。正由于这一战略奇袭，他成功地避开了梅拉斯的主力，弥补了自己兵力的不足。

他灵活机敏，能够在复杂的形势下趋利避害、避实就虚。拿破仑率领预备军团翻过大圣伯纳德山口进入北意大利后，面临着两种选择：

一种是迅速南下，增援马塞纳，倾全力解热那亚之围，使意大利军团免遭覆灭的厄运；另一种是暂时置马塞纳于不顾，迅速挥师东进，直取伦巴第的首府米兰，阻断奥军退路，以求一举切断奥军主力与本土之间的联系，迫使奥军北撤，然后与其进行决战。

拿破仑从战役全局出发，审时度势，权衡利弊，冷静作出了选择后者的正确决策。

他沉着冷静地应付着险象环生的战斗环境，在关键时刻指挥若定，临危不惧。拿破仑在马伦哥战役中，正好显示了这样一个突出的特点。在6月14日下午的几个小时里，法军的处境可谓岌岌可危。按照一般人的看法，出现了这种情况，法军肯定是必败无疑了。

可是，拿破仑仍然镇定自若，继续从容不迫地指挥部队抗击敌人的进攻，因此争取了时间，等到了援兵。尽管德赛率部队及时赶到具有一定的偶然性，但拿破仑在这危急关头的坚定态度，对于稳定法军的情绪、鼓舞法军继续进行顽强的抵抗，无疑是有重要作用的。没有他的坚定指挥，法军早在德赛的援军到达以前就崩溃了。

失败会导致一连串的连锁反应。除非你把失败看作是促进成长和实现成功的一个工具，否则失败对感情的重创一定会销蚀你的自信和乐观。当你明显发现自己没有任何一件事做对的时候，你会陷入些许的惊慌。那种惊慌会再转变成恐惧，你会害怕你每天在任何地方做的任何事情都会被弄得一团糟。

失败给了你时间来重新振作，让你深深地喘口气，它还会提醒你，应该让已经过去的成为过去。一切已经结束，吸取教训，继续前进吧。为了做到这一点，你应该保持冷静。不管事情变得有多糟，你必须能够作出冷静、清醒的决定。如果你向激动和恐惧屈服，你就会屡屡把可能的成功变为失败。长期以来种种有损身心的举动，如压力造成的恐惧、大发脾气、郁郁寡欢、哭哭啼啼等，实际上都是出于懦弱。懦弱是最不受人们欢迎的特性之一。你也许会忘记自己在事情变得糟糕时的行为举止，但别人不会。

做事要懂得忙中偷闲

如今，满世界就听到一个"忙"字。大人们忙工作，小孩忙考试，就连离退休的爷爷奶奶们也忙着发挥余热。总之，男女老少一片"忙"。

社会要发展，人类要进步，忙是自然要忙的。然而这绝不是人生的全部。人生不仅需要工作，也需要休息；不仅需要忙碌，也需要休闲。

我们不能无休止地忙，人生如果没有休闲，就像一幅国画挤满了山水而不留一点空隙，缺乏美感。人生没有悠闲，就不能领悟、体味、享受人生，所以忙碌中要学会偷闲。

有一位猎人看到一件有趣的事情。有一天，他偶然发现村里一位十分严肃的老人与一只小鸡在说话。猎人好生奇怪，为什么一个生活严谨、不苟言笑的人会在没人时像一个小孩那样快乐呢？

他带着疑问去问老人，老人说："你为什么不把弓带在身边，并且时刻把弦扣上？"猎人说："天天把弦扣上，那么弦就失去弹性了。"老人便说："我和小鸡游戏，理由一样。"

生活也一样，每天总有干不完的事。但是，你有没有仔细想过，如果天天为工作疲于奔命，最终这些让我们焦头烂额的事情会超过我们所能承受的极限。

尤其是当今社会，"时间"似乎对每个人都不再留情面。于是，超负荷的工作给人造成不可避免的疾患。

人们因为生活起居没了规律，所以患职业病、情绪不稳定、心理失衡甚至猝死等一系列情况时有发生，给人们生活、工作及心理上造成无形的压力。

这时，需要我们换一种心情，轻松一下。学会放下工作，试着做一些其他的运动，以偷得片刻休闲，消除心中烦闷。记得有一位网球运动员，每次比赛前别人都好好睡一觉然后去练球，他却一个人去打篮球。有人问他，为什么你不练网球？他说，打篮球我没有丝毫压力，觉得十分愉快。对于他来说，换一种心态，换一种运动方式，就是最好的休闲。

你每天行色匆匆，为了生存、为了生活而奔波劳碌，你说根本没有时间。随着生活节奏的加快，争时间、抢速度已成为市场经济这个大环境中的普遍现象。

小义在一家知名外企工作，现在他怀疑自己得了健忘症：和客户约好了见面时间，可搁下电话就搞不清是10点还是10点半；说好一上班就给客户发传真，可一进办公室忙别的事就忘了，直到对方打电话来催……小义感觉自从半年前进入公司后，陀螺一样天旋地转地忙碌，让他越来越难以招架，快撑不住了。"那种繁忙和压力是原先无法想象的，每人都有各自的工作，没有谁可以帮你。我现在已经没什么下班、上班的概念了，常常加班到晚上10点，把自己搞得很累。有时想休假，可假期结束后还有那么多的活儿,而且因为休假手头的工作会积累更多。"他无奈地向朋友诉苦。

在实际工作当中,类似小义这种情况时常发生,尤其是在外企拿高薪的工作人员。

据有关统计,在美国,有一半成年人的死因与压力有关;企业每年因压力遭受的损失达 1500 亿美元——员工缺勤及工作心不在焉而导致效率低下。

在挪威,每年用于职业病治疗的费用达国民生产总值的 10%。

我们都有时间,并且可以试着改变自己。当你下班赶着回家做家务时,你不妨提前一站下车,花半小时慢慢步行,到公园里走走。或者什么都不做,什么也不想,就看看身边的景色,放松一下心情,肯定会有意想不到的效果。

泰戈尔在《新月集·飞鸟集》中写道:"休息之隶属于工作,正如眼睑之隶属于眼睛。"不会休息的人就不会工作,只有休息好了,才能更好地工作,才会有更好的生活。如果一味地、盲目地去忙,连安身立命的本钱都搞垮了,那人生也就没有忙的意义了。

人生就像登山,不是为了登山而登山,而应着重于攀登中的观赏、感受与互动,如果忽略了沿途风光,也就体会不到其中的乐趣。

人们最美的理想、最大的希望便是过上幸福生活,而幸福生活是一个过程,不是忙碌一生后才能到达的一个顶点。

俗话说:"磨刀不误砍柴工。"悠闲与工作并不矛盾,处理好二者的关系,最重要的是能拿得起、放得下。

工作时就全身心投入，高效运转。放松时就把工作完全放在一边，不要总是牵肠挂肚。去钓鱼、登山、观海，做点自己一直想做的事。

另外，忙与闲要搭配得当，不能忙时累个半死，闲时又闲得让人受不了。可以隔三差五地安排一个"小节目"，如雨中散步、周末郊游等。

适时地忙里偷闲，可以让人适时从烦躁、疲惫中及时摆脱出来，之后更好地工作。

在青山绿水中放飞身心

生活中人们为名利而奔忙，虽弄得身心疲惫，却往往不知道自己真正追求的是什么。不妨利用假日走进大自然，当你面临高山、对视大河，面对大自然美景时，才会顿悟，返璞归真才是自己真正的追求目标。生命中许多追求并非真的有必要，也不是自己真正想要的东西。

大自然是一本无字的书，深入自然中，游山玩水，看幽谷清泉、奇石怪草，或醉卧草地，或赋诗山间，其中有不尽的乐趣，能让人忘记生活中的种种争斗与心机。在忙碌的生活中，适时在游山玩水中放逐自己，给心灵一个反思、放松的机会，该是多么美好啊！

生活中不顺之事十之八九，此时不妨去登山或是河边坐一坐。置身大山中，走在绿树成荫的山间小路上，望着那大自然造就的奇石怪状，听叮咚的泉水声、清脆的鸟鸣声，让人感到如同置身世外桃源，心中的种种不快也随着那缭绕的云雾慢慢散去。漫步海滨，一望无际的大海、波涛汹涌的海面，让人顿生几分豪气。

通过旅游，既可以领略祖国的秀美山川，又可以遍访历史的足迹、缅怀古人，既放松了心情，又让自己的心灵得到洗礼。

大自然的魅力在于它巨大的生命力。越是原始的地方，我们越是感觉到生命力强大。

大自然的神奇，可以让人真切体会到生命的渺小和珍贵；大自然的美丽，可以让人体会到人生的美好。所以，生活中当你感到烦闷时，不妨背起行囊，一个人独自去游山玩水，到大自然中放逐自己。

经过长时间的紧张工作，我们在旅游中变换兴奋点，放松，释放疲劳，从而以旺盛的精力重新投入工作。给自己一段假期，放松自己于山水中。让山水的灵性，涤尽自己工作上、情绪上、思想上的烦累！

置身大自然，漫步山水间，任我心自由自在地驰骋，让人在物我两忘的意境中将天地万物置于空灵之中。这是何等地快意、何等无拘无束的心境啊！

罗素曾经说过："我们的生命是大地生命的一部分，就像所有动植物一样，我们也从大地上吸取营养。"当你走进大自然，投入它那宽广的胸怀时，大自然的一草一木似乎都有灵性，都会抚慰你受伤的心灵。望着山中那历经沧桑的松柏、那经历了千百年风吹雨打的岩石，你会重新豪情万丈，增强了与困难作斗争的勇气。

情绪控制：平衡心理的妙招

心理的不平衡毋庸置疑会带来不良情绪，这种心理是因为感到别人多而自己少而不满。反之，自己多而别人少，或自己好而别人差，则其心理便感到平衡了。显然，根本就是自私心理在作怪。这种由苛求公正而引起的心理压力就如同慢性毒药，使人意志消沉，整日闷闷不乐，并使成功的力量逐渐消耗殆尽，恶性循环也因此建立起来。同时，这种长期压抑的不良情绪会给人体带来持续的伤害。

怎样才能从这种不平衡的心理误区突围出去呢？

（1）争取客观地看待每一件事情，多一份平静豁达。

（2）尽量不再说："要换了我会这样对待你吗？"或者其他类似的话，而应该说："你我有所不同，只不过我暂时难以接受这一点。"这样你就可以建立而不是断绝与别人的交往。

（3）不要把自己同别人或别的事情来回比较。在制订自己的目标时，不要考虑周围的人在做什么。如果你要做一件事情，就应该全力以赴地做好它，而不必羡慕别人所具备的优越条件。

（4）不要根据自己的行为期待别人给予同等的待遇。例如当你讲出"我如果晚回家总要给你打电话，你为什么不给我打电话"之类的话时，立即改正自己，大声地说："我觉得你要是给我打个电话，就更好了。"

（5）将"太不公平"之类的话改为"真令人遗憾"或"我倒真希望……"这样，你就不至于对这个世界产生不切实际的期望，并逐步接受你并不赞赏的现实。

（6）不要再让别人左右你的情绪。这样，在别人未按你的意愿行事时，也就不会陷入愤懑中。

苛求公正所造成的心理压力并不是因为他人、事件或环境造成的，而是由于自己的情绪反应所引起的。只有自己的力量才能克服它。